Omowumi Omotoyosi Olaloye

Avaliação comparativa da composição florsitica da mata ciliar

Omowumi Omotoyosi Olaloye

# Avaliação comparativa da composição florsitica da mata ciliar

ScienciaScripts

**Imprint**

Any brand names and product names mentioned in this book are subject to trademark, brand or patent protection and are trademarks or registered trademarks of their respective holders. The use of brand names, product names, common names, trade names, product descriptions etc. even without a particular marking in this work is in no way to be construed to mean that such names may be regarded as unrestricted in respect of trademark and brand protection legislation and could thus be used by anyone.

Cover image: www.ingimage.com

This book is a translation from the original published under ISBN 978-620-2-05792-9.

Publisher:
Sciencia Scripts
is a trademark of
Dodo Books Indian Ocean Ltd. and OmniScriptum S.R.L publishing group

120 High Road, East Finchley, London, N2 9ED, United Kingdom
Str. Armeneasca 28/1, office 1, Chisinau MD-2012, Republic of Moldova, Europe
Printed at: see last page
**ISBN: 978-620-7-85423-3**

# Índice

# Resumo


Foi efectuado um estudo ecológico da composição florística e do padrão de distribuição das espécies da floresta ribeirinha e da vegetação de montanha para determinar a composição e a diversidade das espécies e também para avaliar a composição do banco de sementes do solo. O objetivo era examinar comparativamente a diversidade de espécies vegetais em ambos os tipos de floresta e avaliar o papel do banco de sementes do solo na restauração.

Três parcelas contíguas de 20 m x 20 m foram estabelecidas tanto na floresta ripária como na vegetação de terras altas. Todas as plantas lenhosas $\geq$ 2 cm de perímetro à altura do peito (GBH) foram identificadas e enumeradas. O teste de emergência das plântulas foi efectuado durante seis meses na estufa.

O índice de Shannon-Wiener mostrou que a diversidade de espécies lenhosas foi maior na vegetação adjacente de terras altas do que na floresta ripária. Nos dois locais de estudo, houve baixa similaridade entre a composição de espécies do banco de sementes e a composição de espécies da vegetação em pé.

Foi possível estabelecer que ambas as florestas apresentam diferentes contextos biológicos e edáficos. A baixa semelhança entre o banco de sementes e a vegetação acima do solo da floresta ribeirinha e a vegetação de terras altas adjacente sugere que o banco de sementes do solo é insignificante na recuperação da floresta ribeirinha e da vegetação de terras altas degradadas.

# CAPÍTULO 1

## 1.1 INTRODUÇÃO

### 1.2 Vegetação florestal

A comunidade vegetal é um conjunto reconhecível e complexo de espécies vegetais que interagem entre si, bem como com os elementos do seu ambiente, e é distinta dos conjuntos adjacentes. Cada comunidade é caracterizada por uma estrutura e fisionomia particulares, conferidas pela proporção numérica das várias espécies que a compõem e distinguem as comunidades.

Dunster e Dunster (1996) definiram a floresta como uma comunidade vegetal dominada por árvores e outros arbustos lenhosos, que crescem suficientemente próximos uns dos outros para que as árvores se toquem ou se sobreponham, criando vários graus de sombra no solo vegetal. O controlo da extensão e das características dos recursos florestais visa reduzir a desflorestação não planeada, restaurar e reabilitar as florestas degradadas e gerir as florestas de forma sustentável. A necessidade de conservar os recursos florestais e de manter meios de subsistência humanos sustentáveis são, sem dúvida, as duas questões mais exigentes em matéria de conservação e gestão de recursos no mundo atual (Mabawonku e Gbadegesin, 1995). Isto deve-se ao elevado ritmo atual de exploração dos recursos florestais, tanto para criar novas terras agrícolas como para extrair espécies de madeira exóticas e valiosas, sem precedentes na história do homem (Gbadegesin, 1995; 1995; 2001). Segundo Maini (1990), as florestas são o coração e os pulmões do mundo. Isto deve-se ao facto de funcionarem de várias formas, como o fornecimento de materiais para as necessidades humanas e como um importante equilíbrio ecológico da biosfera. É pertinente notar que os serviços derivados das florestas, especialmente os produtos florestais não lenhosos, também apoiam a subsistência das comunidades rurais. Estes bens e serviços satisfazem necessidades sociais críticas de alimentação, vestuário, habitação e cuidados de saúde e, em muitas zonas, as florestas constituem as principais fontes de rendimento económico para a maioria dos agregados familiares (Falconer, 1992). Essencialmente, os biomas florestais representam uma das principais formações fundamentais do mundo, muito complexa em termos de estrutura e rica em diversidade de espécies. As florestas estão ligadas a climas húmidos caracterizados por uma precipitação elevada, superior a 3000 mm, como é evidente na bacia do Amazonas, na bacia do Congo-Zaire, na Indonésia, na Malásia, na

Tailândia e no sul da Nigéria, entre outros. Nestas áreas, a floresta tropical forma um espesso dossel de vegetação com uma variedade impressionante de espécies (Kassas, 1985).

As investigações sobre a composição florística e a estrutura das florestas são essenciais para fornecer informações sobre a riqueza de espécies das plantas e as alterações que estas sofrem, que podem ser potencialmente úteis para efeitos de gestão e ajudar a compreender a ecologia das florestas e as funções dos ecossistemas. A avaliação botânica, tal como a composição florística e os estudos estruturais, é essencial, tendo em conta o seu valor para a compreensão da extensão da biodiversidade vegetal no ecossistema florestal (World Conservation Monitoring Centre (WCMC, 1992).

O conceito de biodiversidade engloba a variedade de formas de vida existentes, os papéis ecológicos que desempenham e a diversidade genética que contêm. Inclui a diversidade dentro das espécies (diversidade genética), entre espécies (diversidade de espécies) e entre ecossistemas (diversidade de ecossistemas). Nas florestas, esta diversidade permite que as espécies se adaptem continuamente às alterações das condições ambientais e contribuam para o funcionamento do ecossistema (FAO, 2006). A diversidade de espécies é um índice que incorpora o número de espécies numa área e também as abundâncias relativas. É também uma medida dentro de uma comunidade ecológica que incorpora tanto a riqueza de espécies, que é o número de espécies diferentes presentes no ecossistema, como a equitabilidade das espécies, uma medida da abundância relativa de várias populações presentes num ecossistema.

A diversidade de espécies é um parâmetro importante de uma comunidade vegetal e um dos principais critérios de conservação e qualidade ambiental (Qinghong e Brackenhieln, 1996). A composição florística de um sítio parece variar muito e não há dois sítios com a mesma combinação de espécies dominantes. A compreensão da vegetação de uma área envolve o estudo das espécies que a compõem e a sua disposição no ecossistema (Ibrahim e Peter, 2001).

Muhammad (2009) definiu a diversidade como o número de elementos diferentes e a sua frequência relativa, enquanto a diversidade de espécies abrange a variedade de espécies - selvagens ou domesticadas - numa área geográfica. As estimativas do número total de espécies (definidas como uma população de organismos capazes de se cruzar livremente em condições naturais) variam entre 5 milhões e 100 milhões a nível mundial. A informação de Shannon-Wiener, o índice de Simpson e a probabilidade têm sido utilizados por vários investigadores para determinar a diversidade de espécies numa vegetação.

### 1.2.1    Floresta Ripária

O termo ripícola substituiu geralmente a palavra latina 'riparius' e refere-se às comunidades bióticas que vivem nos cursos de água, rios, lagoas, lagos e algumas zonas húmidas. As florestas ripárias são um dos sistemas ecológicos mais complexos da biosfera, mas também um dos mais importantes para manter a vitalidade da paisagem e dos seus rios (Naiman e Decamps, 1990; 1997).

Manci (1989) define o termo "ecossistema ribeirinho" como paisagens adjacentes a vias de drenagem de planícies aluviais que exibem mosaicos de vegetação, solo e hidrologia ao longo de gradientes topográficos e de humidade que são distintos dos tipos predominantes de superfície da paisagem. A zona ribeirinha, definida como um complexo ecológico, é toda a terra diretamente adjacente a um curso de água, incluindo planícies de inundação e zonas húmidas (Walker, 1993; Parsons, 1999). Os habitats e comunidades vegetais ao longo das margens e margens dos rios são designados por vegetação ripícola caracterizada por plantas hidrófilas e entre o curso de água, a zona húmida ou o lago e a planície de inundação ou a zona ripícola associada. Ecologicamente, as zonas ribeirinhas são geralmente zonas de transição entre diferentes tipos de comunidades vegetais estruturalmente complexas (British Columbia Ministry of Forest e British Columbia Ministry of Land and Parks, 1995).

As comunidades ripícolas são normalmente constituídas por uma ou mais espécies de árvores de folha caduca com um sub-bosque variado de arbustos e ervas (Holland e Keil, 1995). A transição entre habitats ripícolas e habitats não ripícolas adjacentes é frequentemente abrupta, especialmente em zonas montanhosas onde a topografia é íngreme (Grenfell, 1988). Os habitats ripícolas são de natureza sucessional e passam por uma sequência previsível de revegetação após as cheias. As comunidades ribeirinhas não estão limitadas a climas ou tipos de solo específicos, mas dependem essencialmente de um abastecimento permanente de água.

A maioria das espécies lenhosas e herbáceas ribeirinhas está adaptada a inundações periódicas. Algumas têm sistemas radiculares profundos que as ancoram contra as águas das cheias e outras têm caules flexíveis que se dobram com as águas das cheias. Estas perturbações ocorrem com frequência suficiente para que os ecossistemas ribeirinhos se tenham adaptado a elas e tendam a recuperar rapidamente. De facto, certa vegetação das zonas ribeirinhas depende das perturbações para se regenerar e reproduzir. A maior parte das espécies vegetais das zonas ribeirinhas e húmidas com bancos de sementes persistentes no solo tendem a germinar em condições de alagamento após a recessão das águas das cheias (van der Valk, 1981; Baskin e Baskin, 1998; Boedeltje *et al.*, 2002, Crossle e Brock, 2002).

### 1.2.2   Vegetação de terras altas

A vegetação de planalto é um tipo de parte conservada da terra localizada na parte mais alta de uma escala de terra. As florestas de terras altas são constituídas por tipos de vegetação geralmente considerados como florestas prototípicas, o que exclui os tipos de florestas de zonas húmidas, como os pântanos. As terras altas compreendem frequentemente mais de 99% da área da bacia hidrográfica, sendo a planície de inundação e o canal do rio o restante. As terras altas estão associadas às terras baixas através do fluxo de água, quer por via terrestre quer através do solo. A vegetação retarda o fluxo de água nas terras altas para que esta se infiltre no solo. A floresta de montanha também contém um conjunto diversificado composto por vários subgrupos baseados na altura e nos estratos.

O aspeto mais caraterístico das florestas de montanha é a copa das árvores, com uma cobertura combinada de espécies que varia entre 50 e 100 por cento. Uma vez que o dossel da floresta bloqueia a maior parte da luz solar antes de atingir o sub-bosque, a maioria das plantas do sub-bosque desenvolveram alguns graus de tolerância à sombra. A quantidade de luz que atinge o sub-bosque também tem um forte efeito na complexidade estrutural da floresta. À medida que estas florestas envelhecem, tornam-se estruturalmente mais complexas porque, à medida que as árvores de copa morrem, são criadas lacunas na copa que permitem o crescimento de arbustos e árvores menos tolerantes à sombra. As grandes árvores mortas em pé tornam-se mais frequentes, acabando por se transformar em grandes troncos, que contribuem para a diversidade estrutural das florestas mais antigas. Historicamente, a distribuição e a dimensão das manchas de floresta de terras altas contíguas eram determinadas pelos solos, formas de relevo e perturbações naturais (como as tempestades de vento, mas sobretudo o fogo). O fogo, que era particularmente importante nas florestas de montanha mais secas, foi essencialmente substituído pela exploração madeireira, resultando numa distribuição diferente da dimensão, idade e composição das manchas florestais.

Enquanto o material de origem dos solos de montanha é geralmente a rocha que está subjacente ao local, a componente mineral dos solos ribeirinhos tem origem em sedimentos depositados pelos cursos de água. Assim, os solos ribeirinhos são potencialmente mais heterogéneos em termos de carácter mineral do que os seus homólogos das terras altas. A deposição periódica de sedimentos nas zonas ribeirinhas pelos cursos de água durante as cheias é acompanhada pela descarga de lixo orgânico das zonas ribeirinhas pela água. Este fenómeno aumenta a heterogeneidade dos solos ribeirinhos, produzindo uma superfície de solo nua em algumas zonas. Este fenómeno também aumenta a diversidade vegetal nas zonas ribeirinhas, criando microambientes hospitaleiros para as sementes de espécies que necessitam de uma superfície de solo descoberto para germinar (Bilby, 1988).

### 1.2.3    Banco de sementes do solo.

Um dos componentes estruturais mais importantes dos ecossistemas é o banco de sementes do solo. Os bancos de sementes estão presentes em quase todos os ecossistemas e podem ser definidos como uma agregação de sementes não germinadas potencialmente capazes de substituir plantas adultas que podem ser anuais, morrendo de morte natural ou não natural, ou perenes, susceptíveis de morte por doença, perturbação ou consumo por animais, incluindo o homem (Baker, 1989). O banco de sementes do solo é a reserva de sementes enterradas no solo, composta por sementes produzidas no local e sementes deslocadas (dispersas) para a área. Pode ser amplamente definido como o reservatório de sementes viáveis ou de propágulos vegetativos que estão presentes na superfície e no solo e que são capazes de recompor a vegetação natural.

Depois de uma floresta tropical ter sido destruída ou distribuída pelo fogo, desmatamento, queda de árvores, atividade agrícola, furacão, etc., inicia-se uma regeneração natural através de uma série de estádios de vegetação (Richards, 1952; Jones, 1956; Foggie, 1960; Swaine e Hall, 1983). O potencial florístico da comunidade em regeneração depende das sementes viáveis armazenadas no solo e das sementes que são dispersas na área após a perturbação (Guavera e Gomez-Pompa, 1972; Liew, 1973; Kellman, 1974; Hopkins e Graham, 1983).

Pouco se sabe sobre a influência do banco de sementes no processo de restauração do sub-bosque na floresta, embora as sementes enterradas possam desempenhar um papel importante na dinâmica da vegetação (Pickett e McDonnell, 1989) e na restauração de comunidades vegetais (Van der Valk e Pederson, 1989). Os bancos de sementes podem desempenhar um papel importante na conservação da diversidade genética e na restauração natural da vegetação das zonas húmidas, bem como na recuperação de espécies vegetais ameaçadas, devido à importância potencial do banco de sementes do solo para a regeneração e manutenção da comunidade vegetal em muitos sistemas. Nos últimos anos, os investigadores têm demonstrado interesse na identificação e ecologia do banco de sementes. Apesar da importância do banco de sementes do solo como determinante da flora em muitos sistemas, pouca investigação tem sido efectuada sobre os bancos de sementes dos habitats ribeirinhos.

## 1.3 DECLARAÇÃO DO PROBLEMA DE INVESTIGAÇÃO

A má gestão da vegetação ribeirinha e de montanha resultou no declínio da biodiversidade de ambos os tipos de vegetação. Existe uma preocupação crescente em todos os trópicos com a exploração descontrolada e o esgotamento dos recursos florestais da terra, tanto nas vegetações ripícolas como nas de planalto, especialmente porque afecta a biodiversidade vegetal. Este estudo procura examinar comparativamente a diversidade de espécies vegetais em ambos os tipos de floresta e avaliar o papel do banco de sementes na recuperação de vegetações ripícolas e de terras altas degradadas.

## 1.4 OBJECTIVOS

(a) determinar a composição de espécies e a semelhança entre a floresta ribeirinha e as vegetações de terras altas adjacentes na Universidade Obafemi Awolowo, Ile- Ife ;

(b) determinar a diversidade da vegetação em pé das florestas ribeirinhas e das florestas de montanha ;

(c) determinar a composição em espécies do banco de sementes dos dois tipos de vegetação ;

(d) comparar a variação sazonal do banco de sementes do solo da vegetação em pé, tanto na vegetação ripícola como na vegetação de montanha; e

(e) fornecer informações sobre as propriedades do solo das florestas ribeirinhas e das florestas de montanha

# CAPÍTULO 2

## 2.0 REVISÃO DA LITERATURA

### 2.1   Composição florística das florestas ribeirinhas

As investigações sobre a composição florística e a estrutura das florestas são essenciais para fornecer informações sobre a riqueza de espécies das plantas e as alterações que estas sofrem, que podem ser potencialmente úteis para efeitos de gestão e ajudar a compreender a ecologia das florestas e as funções dos ecossistemas. A avaliação botânica, tal como a composição florística e os estudos estruturais, é essencial, tendo em conta o seu valor para a compreensão da extensão da biodiversidade vegetal no ecossistema florestal (World Conservation Monitoring Centre (WCMC), 1992).

As florestas ripárias tendem a ser um mosaico de comunidades de vegetação ricas em espécies devido à heterogeneidade ambiental resultante da sua posição na paisagem, da intensidade e frequência das inundações e do movimento lateral do rio (Gregory *et al.*, 1991; Malanson, 1993; Naiman *et al.*, 1993; Naiman e Decamps, 1997; Hodges, 1998; Pollock *et al.*, 1998; Ward *et al.*, 1999). A frequência e a intensidade das inundações também desempenham um papel importante na determinação da estrutura e composição dos povoamentos destas florestas (Duncan, 1993; Decamps, 1996). As zonas ribeirinhas são ecótonos entre comunidades terrestres e aquáticas que consistem num mosaico de habitats, incluindo zonas húmidas ribeirinhas permanentemente e sazonalmente inundadas, planícies de inundação hídricas a mésicas, e/ou terras altas mésicas a xéricas (Gregory *et al.*, 1991; Naiman *et al.*, 1993).

A vegetação é uma componente essencial dos sistemas ribeirinhos, importante na regulação da luz e do microclima, como recurso basal nas cadeias alimentares aquáticas e terrestres, como fonte de detritos lenhosos e na regulação do fluxo de água e de nutrientes provenientes das terras altas (Naiman *et al.*, 1993). A vegetação varia desde plantas aquáticas e semi-aquáticas emergentes até espécies terrestres de sub-bosque e de copa (Parsons, 1991). Além disso, a zona pode ser vista como uma interface entre sistemas terrestres e aquáticos e é descrita como uma série de ecótonos entre estes sistemas (Risser, 1990; Walker, 1993). É a natureza do regime hidrológico que distingue a zona ribeirinha dos seus arredores (Malanson, 1993), sendo a sua estrutura, composição e dinâmica moldadas por processos relacionados com o rio, tais como a inundação, o transporte de sedimentos e as forças erosivas e abrasivas da água (Brinson, 1990).

Gregory et al. (1991) referiram que a elevada diversidade das comunidades de plantas vasculares é típica de muitos sistemas ripícolas e que é uma função do complexo gradiente das características do solo, da topografia, da hidrologia, dos nutrientes, da luz e das perturbações que geralmente criam uma elevada heterogeneidade do habitat.

### 2.1.1 Importância das florestas ripárias.

As zonas ribeirinhas podem ser naturais ou projectadas para estabilização ou recuperação do solo. As florestas ripárias estão entre os habitats mais diversos, dinâmicos e complexos do continente mundial. Todos os estudos sobre funções biológicas sublinham a importância da vegetação ripícola. As zonas ribeirinhas mantêm a estabilidade das margens, interceptam o escoamento superficial das terras altas para o rio, aprisionando sedimentos e absorvendo nutrientes, dão sombra e arrefecem o rio, suprimindo a proliferação de algas em zonas eutróficas, ajudam a evitar a subida dos lençóis freáticos, moderando assim as tendências para a salinização, exportam energia da terra seca para o rio para alimentar as redes alimentares aquáticas.

Devido à sua elevada produtividade e à sua ligação inerente ao resto da bacia hidrográfica, as zonas ribeirinhas constituem uma fonte crucial de diversidade de habitats ao nível da paisagem. A vegetação abranda o fluxo de água na planície de inundação, capturando assim sedimentos e construindo margens. Uma zona ripícola saudável actua como uma esponja, que liberta lentamente água para o ribeiro ou zona húmida ao longo da estação, mantendo assim o fluxo de água ou os níveis de água (Bristish Columbia Ministry of Forests, 2002).

### 2.1.2 Perturbações das florestas ripícolas

Baker (2002) referiu que todos os ecossistemas ribeirinhos dependem de perturbações, principalmente inundações, para regenerar algumas das suas comunidades vegetais. As perturbações frequentes nestas zonas também influenciam os solos, que são tipicamente pouco desenvolvidos e espacialmente variáveis em comparação com os solos das terras altas. Hall (1998) descobriu que os principais tipos de perturbação que afectam estes sistemas incluem actividades de gestão como o pastoreio de gado, o corte de madeira, a utilização recreativa e a criação de estruturas físicas ou perturbações naturais.

Além disso, Manci (1989) constatou que as perturbações antropogénicas tendem a aumentar o escoamento superficial na vegetação ripícola, a remover a vegetação ripícola protetora e a alterar o fluxo de água através dos sistemas aquáticos e que a maior disponibilidade de água nas zonas ripícolas em relação às terras altas terrestres adjacentes promove uma maior diversidade vegetativa e de vida selvagem.

Perry (1994) também referiu que os regimes de perturbação natural específicos da topografia afectam a estrutura e a dinâmica do desenvolvimento florestal. No entanto, embora as zonas ribeirinhas sejam grandemente afectadas pela natureza das regiões montanhosas adjacentes, podem também, por sua vez, controlar fortemente o funcionamento de toda a bacia hidrográfica. Por conseguinte, o estado geral das zonas ribeirinhas pode ser significativo e ter consequências económicas e ambientais de grande alcance (British Columbia Ministry of Forest e British Columbia Ministry of Land and Parks, 1995). A distribuição do regime de perturbação, bem como os processos geomórficos, conduzem consequentemente a uma estrutura mais heterogénea dos micro-sítios na zona ribeirinha do que na vegetação das terras altas (Duncan, 1993; Harris, 1987; Nakamura *et al.*, 1997).

Szaro (1990) observou que a perturbação periódica desempenha um papel integral no estabelecimento e desenvolvimento dos ecossistemas ribeirinhos do sudoeste. A variação na diversidade de espécies é uma função da taxa de perturbação; as comunidades com uma elevada mistura de espécies podem indicar áreas com uma elevada taxa de perturbação ou uma perturbação mais recente.

### 2.1.3 Vegetação ripária e de terras altas.

Suzuki *et al.* (2002) afirmaram que a floresta ripícola e a vegetação de terras altas adjacente apresentam frequentemente diferenças na composição e diversidade. Esta variação deve dever-se, em parte, a diferenças nas condições do sítio e no regime de perturbação. As condições do local (profundidade do solo, humidade do solo, estrutura do solo, etc.) e a perturbação são consideradas os principais factores na determinação da composição e diversidade das espécies florestais locais (Whittaker, 1956; 1967; Whittaker e Nierring, 1965; 1968; Perry, 1994).

No seu estudo, Correll (1997) observou que a maior densidade de vegetação nas zonas ribeirinhas, em comparação com as terras altas adjacentes, reduz a velocidade do escoamento superficial ou das cheias fora das margens e remove eficazmente os sedimentos e os nutrientes. A maior densidade de troncos da vegetação ribeirinha aumenta a sua capacidade de retenção de sedimentos, o que permite a acumulação de solo. Consequentemente, estas zonas podem desenvolver as margens dos cursos de água e as planícies aluviais de forma mais rápida e eficiente

Cartron *et al*. (2000) referiram que a maior capacidade de armazenamento de água das zonas ribeirinhas e a sua proximidade a massas de água resultam num maior teor de humidade do solo e conduzem a comunidades vegetais distintas em comparação com as terras altas terrestres adjacentes. É também importante notar que as zonas ribeirinhas são muito dinâmicas e sujeitas a perturbações (o que leva a mudanças rápidas na composição e estado da vegetação ribeirinha, dependendo das condições climatéricas e das perturbações de um determinado ano (Larsen *et al*., 1997).

Além disso, as zonas ribeirinhas apresentam características distintas em comparação com a vegetação de terras altas adjacente.
A vegetação ribeirinha e a vegetação de planalto adjacente contrastam frequentemente de forma notória em termos de condições físicas, regime de perturbação e padrão de vegetação (Brinson, 1990; Naiman *et al*, 1993). As perturbações naturais em ambos os lados são diferentes: múltiplos regimes de perturbação natural, tais como inundações, torrentes de detritos, migração de canais e deslizamentos de terras, bem como quedas de árvores, ocorrem nas zonas ribeirinhas, enquanto que na vegetação de montanha apenas ocorrem quedas de árvores (Gregory *et al*., 1991; Naiman *et al*.,1993). **2.2 Banco de sementes do solo**

Um banco de sementes do solo é definido como as sementes que podem permanecer dormentes durante um período de tempo no solo até que a sua germinação seja despoletada por uma alteração ambiental (Simpson *et al*., 1989). O banco de sementes do solo é a base material da sucessão da vegetação e da comunidade (Fenner, 1992). Milberg (1992) afirmou que o banco de sementes do solo (SSB) reflecte a vegetação local passada e as espécies ausentes da vegetação que podem por vezes permanecer enterradas no solo durante décadas, e representa a estratégia de regeneração mais importante que ocorre na vegetação terrestre (Grime, 1989).

Thompson *et al*. (1997) sugeriram uma classificação para os tipos de bancos de sementes utilizando o critério da longevidade das sementes: transitório: < 1 ano; persistente a curto prazo: 1-5 anos; persistente a longo prazo: > 5 anos: 1-5 anos; persistente a longo prazo: > 5 anos. Apenas a última categoria poderia desempenhar um papel significativo na restauração da riqueza de espécies. Assim, a persistência do banco de sementes do solo é um fator-chave na regeneração das comunidades vegetais (McDonald *et al.*, 1996; Bekker *et al.*, 1998) e para a avaliação do risco de extinção local (Stocklin e Fischer, 1999). A capacidade de as espécies vegetais produzirem sementes que permanecem viáveis no solo permite-lhes colmatar condições de habitat temporalmente favoráveis para a germinação e o estabelecimento, distribuindo o risco de germinação no tempo e conservando a variação genética da população a longo prazo (Bossuyt e Honnay, 2008).

No entanto, a composição do banco de sementes do solo depende basicamente da produção e composição da vegetação da comunidade no passado e no presente, bem como da longevidade das sementes de cada espécie (Lopez-Marino *et al.*, 2000). Também é sabido que as flutuações da luz, da temperatura e do teor de humidade do solo são os principais factores ambientais que podem afetar a dormência e a viabilidade das sementes (Sammy e Khan, 1983; Egley, 1986; Hilhorst e Karssen, 1990; Karssen e Hilhorst, 1993; Baskin e Baskin, 1989, 1992), modificando o tamanho e a composição do banco de sementes do solo.

A dinâmica natural do banco de sementes influencia os processos de sucessão e de perturbação e determina o sucesso das ervas daninhas e das plantas invasoras. Os bancos de sementes existem devido à seleção natural de espécies vegetais capazes de resistir a condições adversas e germinar em condições óptimas (Hyatt, 1999). Embora os bancos de sementes sejam essenciais para manter a vida e o crescimento das comunidades vegetais, podem refletir mudanças evolutivas resultantes de alterações na utilização (Greene e Waters, 2001).

A composição das sementes viáveis nos solos sob uma comunidade vegetal é um indicador do potencial de rebrota dessa comunidade. A maioria dos estudos sobre o armazenamento de sementes no solo foi realizada em situações agrícolas e pastoris temperadas, onde a informação foi utilizada para controlar as ervas daninhas e prever alterações de composição sob várias intensidades de gestão (Milton 1943, 1948; Champness e Morris, 1948; Douglas, 1965; Suckling e Charlton, 1978). Os resultados dos estudos de sementes do solo têm sido úteis na previsão de mudanças sucessionais e na interpretação de comunidades vegetais passadas que ocuparam uma área (Oosting e Humphreys, 1940; Howard, 1974), na previsão e interpretação dos resultados de várias intensidades de perturbação (Olmsted e Curtis 1947; Floyd, 1966; Howard e Ashton, 1967; Thompson, 1978), e na interpretação das vias de regeneração natural e das estratégias de estabelecimento de espécies individuais (Liew, 1973; Baskin e Baskin, 1978). No entanto, poucos estudos de sementes do solo de florestas tropicais foram realizados (Symington, 1933; Keay, 1960; Guevara e Gomez-Pompa, 1972; Liew, 1973;

Cheke *et al.*, 1979) e são urgentemente necessários mais (Whitmore, 1978).

O banco de sementes do solo desempenha um papel importante na regeneração natural e no restabelecimento após perturbações como o fogo, o abate de árvores e o sobrepastoreio em ambientes húmidos (Swaine e Hall, 1983) e a determinação da composição e densidade do banco de sementes é considerada um passo essencial no restabelecimento artificial da vegetação degradada (Van der Valk e Pederson, 1989). Todas as sementes viáveis presentes no solo, nos propágulos de vegetação ou na folhada associada, capazes de recompor a vegetação natural, constituem o banco de sementes do solo. O banco de sementes também é constituído por novas sementes recentemente lançadas ou outras sementes que persistiram no solo durante vários anos e por sementes trazidas de outros locais por dispersão.

Hartshorn (1980) e Geritz *et al.* (1984) afirmaram que a proximidade de uma fonte de sementes é importante para determinar a colonização e regeneração de espécies num local perturbado. Isto parece ser mais relevante para a colonização de pequenas clareiras na floresta. A maioria das florestas é altamente perturbada e ocorrem grandes clareiras em resultado de perturbações humanas, como o cultivo itinerante, o abate de árvores, etc. A regeneração de espécies arbóreas não ocorre frequentemente nestas grandes clareiras (Holmes, 1954; Rosaro, 1961; Perera, 2001) e, por conseguinte, é necessário ajudar a regeneração natural (Perera, 2001; Perera, 2005).

A distribuição espacial das sementes, tanto horizontal (isto é, sementes no solo nu ou debaixo de um arbusto) como vertical (sementes na superfície do solo ou enterradas), controla a transição da semente para a planta na dinâmica da população vegetal e da comunidade (Chambers e Mcmahon, 1994). A posição vertical de uma semente no solo (profundidade de enterramento) influencia as características de dormência da semente (Baskin e Baskin, 1998), bem como a probabilidade de uma plântula emergir com sucesso do solo. A profundidade de enterramento das sementes pode afetar a emergência das plântulas, influenciando a germinação através de factores ambientais (luz, oxigénio, temperatura, humidade, etc.) que actuam sobre a dormência e a germinação (Baskin e Baskin, 2001). A regeneração florestal rentável, especialmente a regeneração natural (ou seja, a regeneração de espécies arbóreas nativas), é a pedra angular da gestão florestal sustentável (Jonasova *et al.*, 2006; Leinonen *et al.*, 2008). Tanto a falta de sementes de espécies desejáveis nos bancos de sementes como as condições ambientais desfavoráveis para a germinação das sementes e o estabelecimento das plântulas (Shono *et al.*, 2006) podem limitar substancialmente a colonização por espécies arbóreas autóctones, dificultando assim a sucessão. Por conseguinte, para compreender melhor a regeneração em florestas artificiais, é necessário analisar a dimensão e a composição das espécies do banco de sementes do solo na floresta e identificar os factores que contribuem para a sucessão.

### 2.2.1 Importância dos bancos de sementes do solo.

O banco de sementes do solo desempenha um papel crucial na determinação das comunidades vegetais após as perturbações (Whitmore, 1983; Granstrom, 1986; Keeley e Keeley, 1987; Leck *et al.*, 1989; Grime e Hillier, 1992; Jerry 1992; Bazzaz, 1998). O banco de sementes do solo e, em particular, as espécies de sementes de longa duração, podem proteger contra a variabilidade ambiental porque podem fornecer novas plântulas para restabelecer a comunidade "nativa" após perturbações (Hyatt e Casper, 2000; Satterthwaite *et al.*, 2007).

Os bancos de sementes do solo são considerados como constituintes essenciais das comunidades vegetais (Harper, 1997), uma vez que contribuem significativamente para os processos ecológicos. Acredita-se que a capacidade de recuperação da vegetação após uma perturbação reside principalmente nas populações de sementes enterradas (Uhl *et al.*, 1981, 1982; Marks e Mohler, 1985; Lawton e Putz, 1988; Kalamees e Zobel, 2002).

A substituição de indivíduos do banco de sementes pode ter efeitos profundos na composição e nos padrões da vegetação dentro da comunidade (Egler, 1954; Cheke *et al.*, 1979; Harper, 1983; Fenner, 1985). Por conseguinte, a conservação e a recuperação da diversidade das espécies vegetais dependem da compreensão dos níveis de diversidade disponíveis, da distribuição espacial e dos processos que influenciam esses níveis, bem como das vias pelas quais as espécies vegetais colonizam os sítios. A diversidade de espécies de plantas permite a coexistência de espécies vegetais ao proporcionar heterogeneidade espacial e temporal ao longo do tempo (Garwood, 1989; Thompson, 1992) e ao assegurar a regeneração em ecossistemas degradados (Uhl *et al.*, 1981; Keeley e Keeley, 1987). Por conseguinte, o conhecimento sobre a composição e as densidades do banco de sementes do solo fornece pistas sobre a dinâmica natural, a regeneração e a recuperação de ecossistemas florestais degradados após perturbação (Gerhardt e Hytteborn, 1992).

Os estudos do banco de sementes podem fornecer informações importantes para efeitos de restauração e gestão (Katharina *et al.*, 2009). O banco de sementes do solo representa o potencial de regeneração das comunidades vegetais e é considerado como uma memória da comunidade vegetal anterior; assim, pode ser importante para a conservação e restauração de espécies e comunidades vegetais (Bakker *et al.*, 1996). Há uma procura crescente de informação fiável sobre bancos de sementes, tanto para fins científicos como para servir de instrumento de decisão na gestão de habitats e paisagens, em especial em projectos de recuperação (Holzel e Otte, 2004).

### 2.2.2 Banco de sementes do solo e perturbação

As perturbações são, em muitos sistemas, cruciais para a persistência da população de plantas e a sua extensão, intervalo de retorno e regularidade podem ter um grande impacto na dinâmica da população (Takenaka *et al.*, 1996). Vários investigadores relataram os efeitos das perturbações no banco de sementes de diferentes comunidades. As perturbações são factores ecológicos poderosos que determinam a distribuição espacial, de tamanho e de idade da população de plantas (Van der Maarel, 1993). Assim, todos os ecossistemas florestais passam por um ciclo de perturbação e regeneração.

Quando a vegetação se perde devido à perturbação da superfície do solo, os bancos de sementes não são facilmente repostos. Consequentemente, as sementes grandes, que não são facilmente dispersas pelo vento, são transportadas por formigas e roedores das zonas próximas não perturbadas para o local perturbado. (Brown e Oosterchius, 1979). Donelan e Thompson (1980) observaram que o número total de sementes variava entre sítios próximos no condado de Durham, Inglaterra, desde um sítio altamente perturbado (uma pedreira) até um bosque que representava um sítio não perturbado há muito tempo.

Sletvold e Rydgren (2007), no seu estudo sobre a dinâmica populacional de *Digitalis purpurea*, a interação da perturbação e a dinâmica do banco de sementes, observaram que, na população de *Digitalis purpurea,* o padrão de perturbação irá determinar a dinâmica e a persistência em todos os tipos de habitats. Os autores opinaram que, em populações com baixa taxa de perturbação e escasso recrutamento, a longevidade do banco de sementes é a chave para a persistência. Em populações altamente perturbadas, o recrutamento será elevado, esgotando rapidamente o banco de sementes na ausência de uma nova população de sementes. Todd *et al.* (2005), na sua avaliação dos bancos de sementes associados a perturbações no Fort Irwin National Training Center, na Califórnia, afirmaram que as perturbações nas superfícies do solo podem ter efeitos duradouros nas diversas comunidades de vegetação do deserto de Mojave. Uma vez que a parte superior dos solos desérticos contém a maior parte do banco de sementes e uma grande percentagem dos organismos associados ao ciclo de nutrientes (Foth e Turk, 1972; Childs e Goodall, 1973), as perturbações da superfície têm um impacto profundo na regeneração das comunidades desérticas degradadas.

### 2.2.3 Profundidade de enterramento das sementes e banco de sementes

A germinação das sementes e a emergência das plântulas são influenciadas pela posição das sementes no perfil do banco de solo. A distribuição vertical das sementes no perfil do solo é muito heterogénea (Traba *et al.*, 2004). Foi documentada uma diminuição do banco de sementes do solo relacionada com a profundidade (Roberts, 1981; Russiet *et al.*, 1992) que, nalguns casos, foi associada à capacidade de germinação e emergência das sementes de determinadas espécies (Freas, 1989; Grundy *et al.*, 1999; Benveuti *et al.*, 2001). Nas espécies de sucessão inicial, sabe-se que a profundidade de enterramento reduz a germinação porque muitas espécies só germinam perto da superfície do solo (Orrock *et al.*, 2006). A germinação das sementes é influenciada pela posição das sementes no solo, tendo sido efectuados vários estudos para analisar o papel desempenhado pela profundidade de enterramento na dinâmica do banco de sementes (What e Whalley, 1982; Scott *et al.*, 1985; Lambert *et al.*, 1990; Malik *et al.*, 2007).

A dormência é um fator que influencia a germinação das sementes e a emergência das camadas profundas. A capacidade de emergir de camadas mais profundas tem sido relacionada com o tamanho das sementes (Grudy *et al.*, 2003). As sementes pequenas, como as de tamanho típico, têm menos probabilidade de emergir se germinarem de camadas profundas do que as sementes grandes. Meign e Scarrat (1998), no seu estudo sobre a dinâmica do banco de sementes numa floresta boreal de madeira mista no noroeste do Ontário, no Canadá, observaram que as sementes de algumas espécies também diminuíam geralmente com a profundidade do solo. Hutching e Booth (1996) referiram que, nos seus estudos, o número médio de espécies que germinam diminuiu significativamente para estratos sucessivamente mais profundos. Por exemplo, 59,4% de todas as plântulas germinaram a partir dos 4 cm superiores do perfil, 29,6% a partir de 4,8 cm e 11,0% a partir de 8-12 cm. Li Ning (2007), nos seus estudos sobre o banco de sementes do solo no extremo norte do deserto de Taklimakan, mostrou que, verticalmente, a densidade das sementes diminuía com a profundidade do solo. O autor opinou que a maior proporção de sementes se encontra na camada superficial do solo (0-2 cm), com 82,4% do total de sementes encontradas nos 3 cm superiores do perfil do solo e que não foram encontradas sementes activas no topo do perfil do solo. Mariga *et al.* (2009) mostraram que a profundidade de plantação teve diferenças significativas na emergência de sementes. Verificou que a contagem da emergência de plântulas era mais elevada a profundidades de 5 cm e 10 cm do que a profundidades de 15 cm e 20 cm. Mariga e Molatudi (2009), nos seus estudos sobre o efeito do tamanho da semente e da profundidade de plantação na emergência de plântulas de milho, referiram que as profundidades de plantação tinham diferenças significativas na emergência de sementes. Verificaram que a contagem da emergência de plântulas era mais elevada a profundidades de 5 cm e 10 cm do que a 15 cm e 20 cm. Traba *et al.* (2004), nos seus estudos sobre a profundidade a que as espécies dos prados mediterrânicos emergiam, mostraram que a maioria das sementes não consegue emergir de profundidades inferiores a 1 cm, e que a parte funcional ou ativa dos prados mediterrânicos parece restringir-se ao primeiro centímetro, enquanto o resto do perfil pode ser considerado como um reservatório inativo a partir do qual quaisquer sementes viáveis têm de subir à superfície para produzir plântulas. Freigoun (2001) recomendou que, ao avaliar os bancos de sementes, as sementes abaixo de 5 cm de profundidade não devem ser incluídas porque as sementes abaixo de 5 cm de profundidade não contribuem para a regeneração natural. Pearson *et al.* (2002) afirmaram que a abundância e a diversidade de sementes são mais elevadas a uma profundidade entre 0-3 cm e que esta camada representa a maior profundidade do solo a partir da qual muitas espécies do banco de sementes podem emergir com sucesso.

### 2.2.4 Fisionomia e banco de sementes

A elevada heterogeneidade espacial na dinâmica das sementes foi reconhecida há muito tempo (Schupp, 1995;

Guo, 1998). É amplamente conhecido que os bancos de sementes são espacialmente agrupados (Ferrandis *et al.*, 1996; Pake e Venable, 1996) devido a vários factores, incluindo a variação na distribuição dos adultos e a chuva de sementes (Clark *et al.*, 1999; Olano *et al.*, 2002), e a produção diferencial de sementes (Hyatt e Casper, 2000). Além disso, a estrutura espacial do banco de sementes pode ter um forte efeito sobre as fases subsequentes do ciclo de vida das plantas (Laskurin *et al.*, 2004). Vários autores referiram-se à dinâmica dos bancos de sementes e aos factores que afectam a sua densidade. A densidade média de sementes no banco de sementes do solo de uma floresta tropical semidecídua é de 583 ± 236 sementes/m$^2$. Lieberman, 1979; Hall e Swaine, 1980). Sandrine *et al.* (2006) observaram um total de 47 064 plântulas correspondentes a uma densidade média de sementes de 9 192 sementes/m$^2$ numa profundidade de 15 cm num ecossistema de floresta temperada da Nigéria. Oke *et al.* (2006), no seu estudo sobre a dinâmica do banco de sementes e a regeneração de uma floresta tropical secundária de planície na Nigéria, registaram uma densidade de sementes entre 6.274 e 21.872 sementes/m$^2$. As florestas tropicais contêm um grande número de sementes nos solos de muitas espécies pioneiras (Whitmore, 1983). Por exemplo, Lieberman (1979) encontrou um máximo de 160 sementes/m$^2$ numa floresta seca no Gana, enquanto Hall e Swaine (1980) registaram 100-700 sementes/m$^2$ numa floresta seca no mesmo país. Vários trabalhadores debruçaram-se sobre a composição de espécies do banco de sementes em vários solos florestais, relatando a semelhança ou a falta de semelhança entre as espécies do banco de sementes do solo e a vegetação acima do solo. Sandrine *et al.* (2006) relataram que um total de 34 espécies foram encontradas na vegetação acima do solo, das quais 35% estavam presentes no banco de sementes. Apenas 39% das espécies presentes no banco de sementes eram também uma componente da vegetação acima do solo, pelo que concluíram que não existia uma relação estreita entre a composição do banco de sementes da vegetação de um ecossistema de floresta temperada gerida na Bélgica. Mohammed *et al.* (2008) relataram uma baixa relação entre a densidade de sementes e a densidade de árvores na reserva florestal natural de Elain, enquanto Chaideftou *et al.* (2008) relataram que 75% das espécies encontradas no banco de sementes foram observadas na vegetação acima do solo e que dois terços dos taxa encontrados na vegetação não ocorreram no banco de sementes do solo de uma floresta de carvalhos mediterrânicos no noroeste da Grécia. Isto confirma a semelhança geralmente baixa entre a vegetação acima do solo e a flora persistente do banco de sementes do solo no ecossistema florestal e que a vegetação acima do solo não reflecte necessariamente a composição do banco de sementes do solo (Olano *et al.*, 2002).

### 2.2.5 Variação sazonal e bancos de sementes

Vários trabalhadores registaram variações sazonais na densidade do banco de sementes de diferentes comunidades. Li Ning *et al.* (2007), em seus estudos sobre a dinâmica do banco de sementes do solo na borda norte do deserto de Taklimakan, observaram que a densidade de sementes do solo de cada espécie atingiu o máximo em novembro e caiu para o mínimo em agosto, com $132 \pm 8,16$ grãos/m$^2$ e atingiu o máximo em novembro, com $303 \pm 12,70$ grãos/m$^2$. Grombone-Guaratini *et al.* (2004) verificou que o número de sementes nas amostras do banco de sementes foi maior na estação seca do que na estação chuvosa quando estudou o banco de sementes de uma mata de galeria no sudeste do Brasil. Ele observou que a densidade de sementes variou de $243 \pm 87$ sementes/m$^2$ na estação chuvosa para $499 \pm 40$ sementes/m$^2$ na estação seca. Oke *et al.* (2007), em seu estudo sobre o banco de sementes do solo em quatro plantações contrastantes em

Na zona de Ile- Ife, no sudoeste da Nigéria, observou-se uma densidade de sementes entre 967 e 6 075 sementes/m$^2$ na estação seca, enquanto a da estação das chuvas variou entre 1 934 e 6 088 sementes/m$^2$. Coffin e Lauenroth (1989), nos seus estudos sobre a variação espacial e temporal do banco de sementes de um prado semi-árido, concluíram que a sazonalidade era um fator mais importante na dinâmica do banco de sementes do que as diferenças de local. Observaram uma diferença significativa no número de plântulas entre as datas e também uma diferença de 2.626 plântulas/m$^2$ entre setembro e novembro (1984) e sazonalmente dentro dos anos. Mohammed *et al.* (2008) observaram uma densidade máxima de sementes (1052,6 sementes/m$^2$) após a precipitação nos seus estudos sobre a variação temporal e espacial do banco de sementes do solo na reserva florestal natural de Elain. Williams *et al.* (2005) registaram a maior riqueza de espécies no banco de sementes recolhido a meio e no final da estação seca, em comparação com a estação húmida e o início da estação seca. Registaram flutuações sazonais no banco de sementes germináveis do solo que aumentaram ao longo da estação seca, atingindo um máximo para muitas espécies no final da estação seca.

# CAPÍTULO 3

## 3.0 MATERIAIS E MÉTODOS

### 3.1  Local de estudo:

#### 3.1.1  Localização:

O estudo foi efectuado na comunidade da Universidade Obafemi Awolowo (OAU) em Ile- Ife ($7^0$ 31'N e $7^0$ 32'N de latitude, $4^0$ 31'E e $4^0$ 32'E de longitude), estado de Osun. O local ribeirinho situava-se ao longo da estrada 2 na OAU, Senior Staff Quarters ({a}  07°  32.98ΓN  e  004θ32.068'E,{b}  07°  31.964'N e 004θ32.067'E,{c} 07032.030'N e 0040 32.043'E), enquanto a floresta de montanha se localizava ao longo da estrada 18 na OAU, Senior Staff Quarters {a} 07032.009'N e 0040 31.966'E,{b} 07 3.991'N e 0040 31.959'E, {c} 070 31.989'N e 004° 31.954$^r$ E) .

### 3.1.2  Solo e vegetação do sítio de estudo

Ile-Ife situa-se na zona de floresta de planície, segundo Keay (1959), e de florestas húmidas semidecíduas, segundo Charter (1969). O solo é bem drenado, de textura grosseira, sobreposto a material orgânico intemperizado derivado de solo granítico granulado. A vegetação no seu estado natural é constituída por árvores altas com uma densa vegetação rasteira de arbustos e trepadeiras entrelaçadas, que a tornam dificilmente penetrável. A área situa-se na zona de floresta decídua seca (Onochei, 1979). De acordo com White (1983), a vegetação foi descrita como sendo do tipo Guineo-Congolian drier forest. Com base em muitos factores ambientais, a floresta em Ile-Ife, tal como na maior parte do país, tem sofrido uma desflorestação grave ao longo dos anos. A vegetação insere-se na floresta tropical do sudoeste da Nigéria e tem origem num solo complexo de subsolo. No sudoeste da Nigéria, a floresta tropical começa alguns quilómetros para o interior ao longo da

A vegetação de Ile-Ife é uma das mais antigas do mundo e forma uma faixa contínua de cintura verde que separa a vegetação costeira da vegetação da savana derivada e da savana da Guiné. Hall (1970) também referiu que a área de Ile-Ife pertence ao subgrupo da floresta seca, rica em árvores das famílias

Sterculiaceae e Moraceae.

### 3.1.3 Clima da região

Há duas estações importantes na região de Ile-Ife: a estação seca e a estação das chuvas. A estação seca é curta, durando normalmente quatro meses, de novembro a março, e a estação chuvosa, mais longa, prevalece durante os restantes meses, mas normalmente com o seu pico em julho e setembro. A precipitação média anual é de cerca de 1400 mm e a temperatura máxima média de $33^0$ C é registada entre fevereiro e março, enquanto a temperatura mínima média de 270 C é registada entre julho e setembro (Oke e Isichei, 1997).

## 3.2 PROCESSO DE AMOSTRAGEM

### 3.2.1 Seleção das parcelas de investigação

Foram seleccionados dois tipos de vegetação distintos (floresta ripária e vegetação de terras altas) nos bairros de pessoal sénior da OUA. Foram seleccionados com base na sua fisionomia vegetal.

A floresta ribeirinha é um terreno diretamente adjacente a um curso de água constituído por espécies lenhosas e poucas trepadeiras. Algumas das espécies dominantes presentes incluem *Albizia zygia, Abizia cordifolia, Magaritaria discoidea* e *Holarrhena floribunda.* Trepadeiras como *Combretum sp, Hipocratea sp* também foram enumeradas.

A vegetação das terras altas situa-se num ambiente relativamente seco, longe do curso de água e adjacente à zona ribeirinha. Durante a contagem, foram observadas cicatrizes evidentes na casca das árvores, o que indica que esta floresta foi despojada da sua vegetação. Espécies como *Delonix regia, Azadirachta indica, Icacina trichanta* foram encontradas na vegetação das terras altas.

Foram seleccionadas três parcelas de amostragem de 20 m x 20 m em cada tipo de vegetação. Estas parcelas foram marcadas com uma fita métrica e a localização de cada parcela foi determinada utilizando o Sistema de Posicionamento Global (GPS)

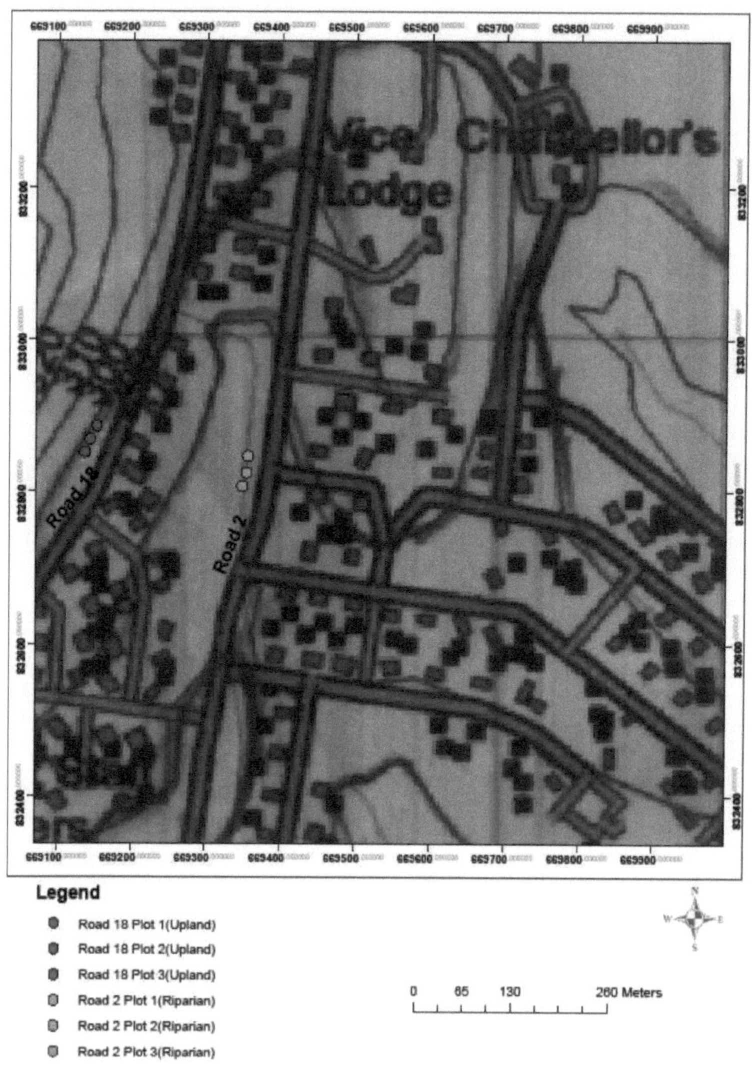


Fig.1: Map of Obafemi Awolowo University Senior Staff Quarters Showing Sampling Locations

### 3.2.2 Enumeração de plantas

Todas as espécies lenhosas (árvores e arbustos) nas parcelas seleccionadas foram identificadas ao nível das espécies e completamente enumeradas. A identificação seguiu a Flora da África Ocidental (Hutchinson e Dalziel 1954 - 1972). As plantas já identificadas foram marcadas com um marcador permanente para evitar a dupla enumeração. As plantas não identificadas foram recolhidas secas e prensadas para identificação por um taxonomista no Herbário do IFE. A circunferência das plantas lenhosas à altura do peito foi medida com a fita de um quarto de circunferência.

A partir dos dados obtidos no campo, foram determinados os seguintes índices para cada parcela: Composição de espécies, Índice de diversidade de Shannon-Wiener, Índice de similaridade de Sorenson, Densidade média, Área basal média. A composição de espécies da vegetação foi estimada através da soma de todas as espécies de plantas encontradas em cada parcela.

1. O índice de diversidade de Shannon-Wiener (H') foi calculado através da fórmula

$H = -\sum p_i \, Em \, p_i$ (Shannon e Wiener 1949).

Em que $p_i = n_i / N$

$n_i$ = número de indivíduos da espécie.

$N$ = Número total de indivíduos

$H$ = índice de diversidade de Shannon - Wiener

O índice de semelhança de Sorenson (Qs) foi calculado através da fórmula

$Qs = 2C/A+B \times 100$ (Sorensen 1948)

Onde,

$A$ = Número total de espécies na parcela A

$B$ = Número total de espécies na parcela B

$C$ = Número de espécies comuns aos dois tipos de vegetação.

A equitabilidade das espécies em cada sítio foi calculada utilizando a equitabilidade de Shannon

EH =H/H $3_{max}$

Onde H é o índice de diversidade de Shannon - Wiener, $H_{max}$ =In S

S é o número total de espécies na comunidade.

### 3.2.3 MEDIÇÃO DA ÁREA BASAL DAS ÁRVORES

Dentro de cada parcela, o perímetro das árvores foi medido com uma fita métrica à altura do peito (GBH), no caso de árvores com 3 m ou mais de altura, e no ponto médio, no caso de árvores com menos de 3 m de altura. As medidas do perímetro foram utilizadas para calcular a área basal de cada árvore utilizando a seguinte fórmula,

Área basal = $C/4\pi^2$

Em que, C = perímetro (circunferência em metros).

Para determinar a distribuição das classes de tamanho do caule nas parcelas de estudo, foram distinguidas as seguintes seis (6) classes de tamanho da circunferência do caule (i) 0-20 cm, (ii) 21-40 cm, (iii) 41-60 cm, (iv) 61-80 cm, (v) 81-100 cm, (vi) 100 cm e acima. A distribuição de frequência da densidade de troncos (ha$^{-1}$ ) por classes de tamanho foi traçada para as parcelas.

### 3.2.4 Determinação do banco de sementes do solo

As amostras de solo foram recolhidas a duas profundidades (0-15 cm, 15-30 cm) de cinco pontos localizados aleatoriamente em cada parcela, utilizando um trado de solo. As amostras de solo foram recolhidas em março de 2011 para a estação seca, enquanto a estação das chuvas foi recolhida em junho de 2011. Foram recolhidas sessenta amostras (60) em cada uma das zonas de vegetação ribeirinha e de planalto em cada estação, perfazendo um total de 120 amostras recolhidas em ambos os locais nas duas estações (estação das chuvas e estação seca). Estas foram embaladas em sacos de polietileno rotulados e transferidas para o laboratório do Departamento de Botânica da OUA, Ile Ife, para secagem ao ar. As amostras foram utilizadas para o teste de emergência de plântulas em casa de vegetação para determinar a densidade e a composição de espécies dos bancos de sementes das parcelas de estudo.

### 3.2.5 Teste de emergência de plântulas

As amostras de solo recolhidas foram espalhadas em placas porosas para germinação de sementes em condições de viveiro na estufa, onde foram regadas diariamente e monitorizadas quanto à emergência de plântulas. À medida que as plântulas emergiam, as plântulas em cada placa eram identificadas, contadas e removidas. As plântulas emergidas foram identificadas, contadas e removidas. Ocasionalmente, o solo de cada placa foi virado e misturado para ajudar a germinação. As espécies não identificadas foram levadas ao Herbário do IFE para a devida identificação. O teste de emergência de plântulas foi encerrado ao final de seis meses para amostras de solo coletadas em cada uma das seis parcelas, tanto na estação seca quanto na chuvosa.

### 3. 3Análise do solo

As amostras de solo foram recolhidas a duas profundidades (0-15 cm, 15-30 cm), em pontos localizados aleatoriamente em cada parcela, secas ao ar no laboratório do Departamento de Botânica, OAU, Ile Ife, durante um mínimo de 48 horas. As amostras foram depois transferidas para o Laboratório de Serviços Analíticos do Instituto Internacional de Agricultura Tropical (IITA), Ibadan, onde foram analisadas quanto à distribuição do tamanho das partículas, pH, teor de matéria orgânica, azoto total e catiões permutáveis (K, Ca, Na, Mg). Foram também recolhidas amostras de solo para determinação da densidade aparente. O objetivo das análises do solo era comparar as propriedades do solo das duas vegetações em estudo com a sua estrutura.

A densidade aparente foi determinada utilizando um corer para recolher amostras de solo não perturbadas, que foram secas na estufa a 105° C durante 24 horas até se atingir um peso constante. As amostras foram pesadas com uma balança e as leituras foram registadas. A densidade aparente (D.A.) foi calculada utilizando a seguinte fórmula

$B.D = Ms/ Vb \ g/cm^3$

$Ms$= Massa do sólido (base seca em estufa/g)

$Vb$ = Massa do volume total (cm )$^3$

O pH do solo foi determinado em Cacl2 0,01M (proporção 1:2 da solução do solo) utilizando um medidor de pH de elétrodo de vidro (Pye modelo 292). A matéria orgânica do solo foi determinada pelo método Walkley -Black (Allison, 1965). A distribuição do tamanho das partículas do solo foi determinada pelo método do hidrómetro modificado (Bouyoucos, 1961), utilizando hidróxido de sódio (NaOH) 0,2M como agente dispersante.

As análises de azoto total, fósforo disponível e catiões permutáveis (Na, Mg, Ca, K) foram efectuadas no Analytical services Laboratory International Institute of Tropical Agriculture (IITA), Ibadan.

### 3.4 Análise estatística

Foram utilizados processos estatísticos para explicar as várias relações existentes entre o banco de sementes do solo, tanto na floresta ripária como na vegetação de terras altas adjacente. A Análise de Variância de duas vias (ANOVA) foi utilizada para comparar a densidade do banco de sementes do solo por local para as duas estações. Para além disso, foi utilizada uma Anova de uma via para testar diferenças significativas nas propriedades do solo dos dois tipos de vegetação.

# CAPÍTULO 4

**4.0 RESULTADOS**

**4.1 A vegetação das parcelas de estudo seleccionadas**

**4.1.1 Composição das espécies da vegetação em pé**

A composição de espécies de cada uma das seis parcelas de estudo nos dois tipos de vegetação é apresentada na Tabela 1. Na floresta ribeirinha foram encontradas trinta e oito (38) espécies lenhosas, enquanto que na vegetação de planalto foram encontradas quarenta (40) espécies lenhosas. Algumas das espécies lenhosas comuns aos dois tipos de vegetação incluem *Albizia zygia, Albizia adianthifolia, Alchornea cordifolia, Azadirachta indica, Newbouldia laevis, Holarrhena floribunda, Magaritaria discoidea, Antiaris africana, Baphia nitida, Bridelia ferruginea, Rauvolfia vomitora*. Foi observado um total de sessenta e duas (62) espécies lenhosas nos dois tipos de vegetação.

Vinte e nove (29) famílias foram representadas nas duas vegetações, vinte e seis (26) na floresta ripária e vinte e quatro (24) na vegetação de terras altas adjacente. As famílias de plantas mais comuns em ambos os tipos de floresta foram Apocynaceae (7 espécies), Euphorbiaceae, Moraceae, Mimosoideae (4 espécies cada) e Sapindaceae (3 espécies). Nenhuma espécie herbácea foi encontrada durante a contagem. As espécies trepadeiras observadas nos dois tipos de vegetação incluem *Combretum sp, Hippocratea sp* e *Sabicia calcycina*.

**Quadro 1: Densidade média de espécies lenhosas (por hectare) nos dois tipos de vegetação**

| S/N | SPECIES NAMES | FAMILY | RIPARIAN FOREST | UPLAND VEGETATION |
|---|---|---|---|---|
| 1. | *Albizia adianthifolia* | Mimosoideae | 50 | 33 |
| 2. | *Albizia lebbeck* | Mimosoideae | - | 8 |
| 3. | *Albizia zygia* | Mimosoideae | 117 | 408 |
| 4. | *Alchornea cordifolia* | Euphorbiaceae | 375 | 133 |
| 5. | *Alchornea laxiflora* | Euphorbiaceae | - | 375 |
| 6. | *Allophyllus africanus* | Sapindaceae | 8 | - |
| 7. | *Alstonia boonei* | Apocynaceae | 17 | - |
| 8. | *Anchomanis difformis* | Arecaceae | - | 50 |
| 9. | *Anthocleista djalonensis* | Loganiaceae | 108 | - |
| 10. | *Anthocleista vogelii* | Loganiaceae | - | 8 |
| 11. | *Antiaris africana* | Moraceae | 17 | 50 |
| 12. | *Azadirachta indica* | Meliaceae | 50 | 258 |
| 13. | *Baphia nitida* | Papilioniaceae | 17 | 8 |
| 14. | *Blighia sapida* | Sapindaceae | - | 16 |
| 15. | *Bombax buonopozense* | Bombacaceae | 33 | 8 |
| 16. | *Bridelia ferruginea* | Euphorbiaceae | 8 | 17 |
| 17. | *Canthium vulgare* | Rubiaceae | 50 | - |
| 18. | *Carpolobia lutea* | Phytolacaceae | 33 | - |
| 19. | *Cassia siberiana* | Cealsapinaceae | 25 | - |
| 20. | *Ceiba pentandra* | Bombacaceae | 25 | - |
| 21. | *Celtis zenkeri* | Ulmaceae | 25 | - |
| 22. | *Cnestis ferrugiana* | Connaraceae | 8 | 17 |
| 23. | *Deinbollia maxima* | Sapindaceae | 8 | - |
| 24. | *Deinbollia pinnata* | Sapindaceae | 17 | - |
| 25. | *Delonix regia* | Cealsapinaceae | - | 150 |
| 26. | *Drypetes sp* | Euphorbiaceae | 8 | - |
| 27. | *Ficus capensis* | Moraceae | 50 | - |
| 28. | *Ficus sp* | Moraceae | - | 17 |
| 29. | *Funtumia elastica* | Apocynaceae | 33 | - |
| 30. | *Glyphaea brevis* | Tiliaceae | 17 | - |
| 31. | *Harungana madagascariensis* | Apocynaceae | - | 8 |

| S/N | SPECIES NAMES | FAMILY | RIPARIAN FOREST | UPLAND VEGETATION |
|---|---|---|---|---|
| 32. | *Hedranthera bacteri* | Apocynaceae | - | 5 |
| 33. | *Hipocratea sp* | Celastraceae | 7 | |
| 34. | *Holarrhena floribunda* | Apocynaceae | 475 | 92 |
| 35. | *Icacina tricantha* | Icacinaceae | - | 250 |
| 36. | *Lannea welwitschii* | Anacardiaceae | 8 | - |
| 37. | *Leea guinensis* | Leeaceae | 8 | - |
| 38. | *Mallotus oppositifolius* | Apocynaceae | - | 83 |
| 39. | *Margaritaria discoidea* | Euphorbiaceae | 50 | 225 |
| 40. | *Markhamia tomentosa* | Bignonaceae | 8 | - |
| 41. | *Microdesmis puberula* | Pandaceae | 8 | - |
| 42. | *Monodora tenuifolia* | Annonaceae | - | 8 |
| 43. | *Morinda lucida* | Rubiaceae | 28 | 8 |
| 44. | *Napoleona imperialis* | Lecythidaceae | 8 | 33 |
| 45. | *Napoleonaea vogelli* | Lecythidaceae | - | 33 |
| 46. | *Newbouldia laevis* | Bignonaceae | 25 | 66 |
| 47. | *Ochna sp* | Ochnaceae | - | 40 |
| 48. | *Piptadeniastrum africanum* | Mimosaceae | 8 | - |
| 49. | *Psidium guajava* | Myrtaceae | 17 | 8 |
| 50. | *Rauvolfia vomitora* | Apocynaceae | 8 | 33 |
| 51. | *Rothmania longiflora* | Apocynaceae | - | 8 |
| 52. | *Sphenocentrum jollyanum* | Menispermaceae | - | 33 |
| 53. | *Spondias mombin* | Anarcadiaceae | - | 50 |
| 54. | *Sterculia tragacantha* | Sterculiaceae | - | 50 |
| 55. | *Terminalia superba* | Combretaceae | 8 | - |
| 56. | *Tetrapleura tetraptera* | Mimosaceae | - | 17 |
| 57. | *Trema orientalis* | Ulmaceae | - | 8 |
| 58. | *Trichilia sp* | Meliaceae | - | 8 |
| 59. | *Vitex doniana* | Verbanaceae | - | 8 |
| 60. | *Vitex grandifolia* | Verbanaceae | 17 | - |
| 61. | *Voacanga africana* | Apocynaceae | - | 8 |
| 62. | *Xylopia paviflora* | Annonaceae | - | 8 |
| | *TOTAL* | | 1749 | 2235 |

**Tabela 2: Espécies de trepadeiras nas duas vegetações em pé em estudo**

| S/N | SPECIES NAMES | FAMILY | RIPARIAN FOREST | UPLAND VEGETATION |
|---|---|---|---|---|
| 1 | *Combretum sp* | Combretaceae | + | - |
| 2 | *Hippocratea sp* | Celastaceae | + | - |
| 3 | *Sabicia calcycina* | Sterculiaceae | - | + |

## 4.1.2 Características estruturais dos sítios

O índice de diversidade de espécies de Shannon-Wiener mostrou que a vegetação de terras altas tinha maior diversidade de comunidades (H'=2,712) do que a floresta ripária (H'=2,437). O índice de similaridade de Sorenson revelou que havia baixa similaridade entre os dois tipos de vegetação. A composição de espécies dos dois tipos de vegetação e a densidade média por hectare das espécies lenhosas são apresentadas no (Quadro 3). A vegetação de terras altas tinha uma maior densidade de árvores (2235 ha$^{-1}$) em comparação com a floresta ribeirinha (1749 ha$^{-1}$). A espécie arbórea dominante em termos de densidade na floresta ribeirinha é a *Holarrhena floribunda* (475 ha$^{-1}$), enquanto a *Albizia zygia* (408 ha$^{-1}$) foi dominante na vegetação de terras altas. Na Mata Ciliar, *Allophyllus africanus* e quinze outras espécies tiveram a densidade mais baixa de 8 caules ha$^{-1}$ enquanto outras tiveram valores intermédios. Na vegetação de terras altas, *Albizia lebbeck* e outras 13 espécies tiveram 8 caules ha$^{-1}$ enquanto outras espécies tiveram valores intermédios.

O resultado da área basal revelou que a vegetação de planalto teve o valor mais elevado (2,270 m$^2$ ha$^{-1}$), enquanto a floresta ripária teve o valor mais baixo (1,620 m$^2$ ha$^{-1}$). A contribuição de cada espécie para a área basal global dos tipos de vegetação revelou que, na floresta ripícola, *Anthocleista djalonensis* contribuiu com a maior área basal média de 0,0867 m$^2$ ha$^{-1}$, *Sphenocentrum jollyanum* teve a menor área basal média de 0,00001 m$^2$ ha$^{-1}$, enquanto as outras têm valores intermédios. Na vegetação de montanha, *Delonix regia* teve a maior área basal média de 0,455 m$^2$ ha$^{-1}$ enquanto a espécie com a área basal média mais baixa (0,00001 m$^2$ ha$^{-1}$) é *Anthocleista vogelii, outras* espécies tiveram valores intermédios.

A distribuição das espécies lenhosas por classe de tamanho do perímetro revelou que a vegetação de terras altas adjacente apresentava o número mais elevado de 220 espécies lenhosas por ha$^{-1}$ na classe de tamanho do perímetro (0-20 cm), enquanto o número mais baixo de cinco espécies lenhosas foi encontrado no tamanho do perímetro (>100 cm). A floresta ripária apresentou o número mais elevado de 180 espécies lenhosas por ha$^{-1}$ na classe de tamanho do perímetro (0-20 cm), enquanto o número mais baixo de duas espécies lenhosas foi encontrado no tamanho do perímetro (>'100 cm). As outras espécies apresentaram valores intermédios. A comparação da distribuição do tamanho do perímetro das espécies lenhosas nos dois tipos de vegetação revelou que a vegetação de terras altas tinha mais espécies lenhosas no tamanho do perímetro 0-20 cm (220 ha$^{-1}$) e > 100 cm (05 ha$^{-1}$) do que a vegetação ribeirinha. (Fig. 2).

Tabela 3: Área basal média (m /ha$^{2-1}$ ) da composição das espécies lenhosas nas duas vegetações estudadas na Universidade Obafemi Awolowo.

| S\N | SPECIES NAMES | FAMILY | RIPARIAN FOREST | UPLAND VEGETATION |
|---|---|---|---|---|
| 1. | *Albizia adianthifolia* | Mimosoideae | 0.0090 | 0.0015 |
| 2. | *Albizia lebbeck* | Mimosoideae | - | 0.002 |
| 3. | *Albizia zygia* | Mimosoideae | 0.0333±0.002 | 0.062±0.006 |
| 4. | *Alchornea cordifolia* | Euphorbiaceae | 0.0683±0.0009 | 0.041±0.012 |
| 5. | *Alchornea laxiflora* | Euphorbiaceae | - | 0.0032 |
| 6. | *Allophyllus africanus* | Sapindaceae | 0.0003 | - |
| 7. | *Alstonia boonei* | Apocynaceae | 0.0026 | - |
| 8. | *Anchomanis difformis* | Arecaceae | - | 0.0005 |
| 9. | *Anthocleista djalonensis* | Loganiaceae | 0.0867±0.015 | - |
| 10. | *Anthocleista vogelii* | Loganiaceae | - | 0.00001 |
| 11. | *Antiaris africana* | Moraceae | 0.0007 | 0.0012±0.337 |
| 12. | *Azadirachta indica* | Meliaceae | 0.0133±0.004 | 0.22±0.028 |
| 13. | *Baphia nitida* | Papilioniaceae | 0.0002 | - |
| 14. | *Blighia sapida* | Sapindaceae | 0.0004 | 0.0011 |
| 15. | *Bombax bouonopozense* | Bombacaceae | 0.0063 | - |
| 16. | *Bosquiea angolense* | Moraceae | 0.0170±0.003 | - |
| 17. | *Bridelia ferruginea* | Euphorbiaceae | 0.0011 | 0.002 |
| 18. | *Canthium vulgare* | Rubiaceae | 0.0231±0.031 | - |
| 19. | *Carpolobia lutea* | Polygalaceae | 0.0001 | - |
| 20. | *Cassia siberiana* | Ceasalpinaceae | 0.052±0.022 | - |
| 21. | *Ceiba pentandra* | Bombacaceae | 0.0002 | - |
| 22. | *Celtis zenkeri* | Ulmaceae | 0.0007±0.0000 | - |
| 23. | *Cnestis ferruginea* | Connaraceae | 0.0024 | 0.0001 |
| 24. | *Deinbollia maxima* | Sapindaceae | 0.0006 | - |
| 25. | *Deinbollia pinnata* | Sapindaceae | 0.0002 | - |
| 26. | *Delonix regia* | Ceasalpinaceae | - | 0.4550 |
| 27. | *Drypetes sp* | Euphorbiaceae | 0.00002 | - |
| 28. | *Ficus capensis* | Moraceae | 0.0060 | - |
| 29. | *Ficus sp* | Moraceae | - | 0.0008±0.003 |
| 30. | *Funtumia elastica* | Apocynaceae | 0.0090±0.001 | - |
| 31. | *Glyphaea brevis* | Tiliaceae | 0.0001 | - |
| 32. | *Harungana madagascariensis* | Apocynaceae | - | 0.004 |

| No. | Species | Family | | |
|---|---|---|---|---|
| 33. | *Hedranthera bacteri* | Apocynaceae | - | 0.00002 |
| 34. | *Holarrhena floribunda* | Apocynaceae | 0.0343±0.038 | 0.0256±0.0035 |
| 35. | *Icacina tricantha* | Icacinacaceae | - | 0.002±0.055 |
| 36. | *Lannea welwitschii* | Anacardiaceae | 0.0100 | - |
| 37. | *Leea guinensis* | Leeaceae | 0.0017 | - |
| 38. | *Mallotus obtusifolia* | Apocynaceae | - | 0.025±0.00000 |
| 39. | *Margaritaria discoidea* | Euphorbiaceae | 0.04±0.0042 | 0.0700 |
| 40. | *Markhamia tomentosa* | Bignonaceae | 0.00002 | - |
| 41. | *Microdesmis puberula* | Pandaceae | 0.0003±0.0003 | - |
| 42. | *Monodora tenuifolia* | Annonaceae | - | 0.0001 |
| 43. | *Morinda lucida* | Rubiaceae | 0.0100±0.0002 | 0.0002 |
| 44. | *Napoleona imperialis* | Lecythidaceae | 0.0006 | - |
| 45. | *Napoleonaea vogelli* | Lecythidaceae | - | 0.0015 |
| 46. | *Newbouldia laevis* | Bignonaceae | 0.0026±0.0047 | 0.0100±0.0005 |
| 47. | *Ochna sp* | Ochnaceae | - | 0.00004 |
| 48. | *Piptadeniastrum africanum* | Mimosaceae | 0.00003 | - |
| 49. | *Psidium guajava* | Myrtaceae | 0.0046±0.004 | 0.0012 |
| 50. | *Rauvolfia vomitora* | Apocynaceae | 0.00007 | 0.0029±0.003 |
| 51. | *Rothmania longiflora* | Apocynaceae | - | 0.0005 |
| 52. | *Sphenocentrum jollyanum* | Ceasalpinaceae | - | 0.002 |
| 53. | *Spondias mombin* | Anarcadiaceae | - | 0.0028±0.0006 |
| 54. | *Sterculia tragacantha* | Sterculiaceae | - | 0.003 |
| 55. | *Terminalia superba* | Combretaceae | 0.0063 | - |
| 56. | *Tetrapleura tetraptera* | Apocynaceae | - | 0.0008 |
| 57. | *Trema orientalis* | Ulmaceae | - | 0.052 |
| 58. | *Trichilia sp* | Meliaceae | - | 0.0012 |
| 59. | *Vitex doniana* | Verbanaceae | - | 0.0023 |
| 60. | *Vitex grandifolia* | Verbanaceae | 0.00001 | - |
| 61. | *Voacanga africana* | Apocynaceae | - | 0.0004 |
| 62. | *Xylopia paviflora* | Annonaceae | - | 0.00025 |
| | *TOTAL* | | 0.9004±0.1226 | 0.9754±0.3895 |

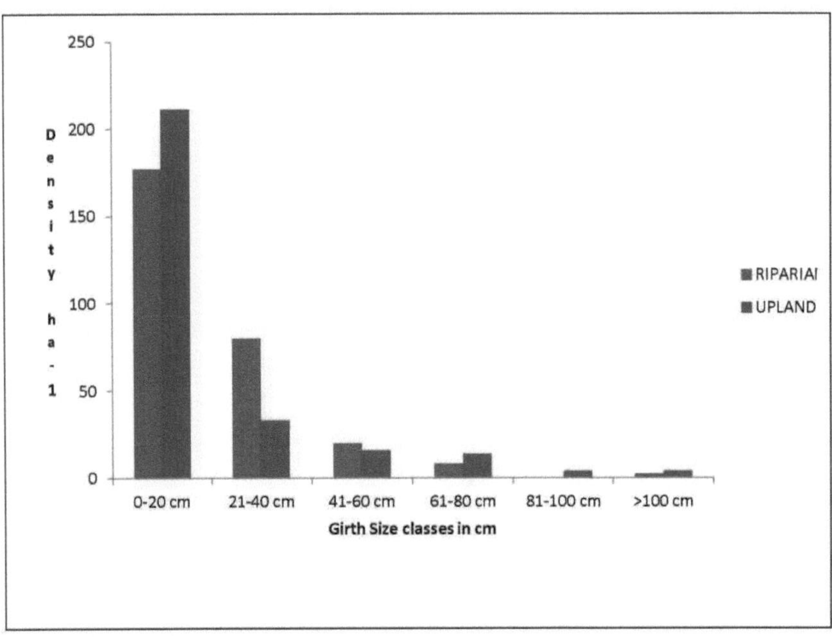


Fig 2: Densidade de espécies lenhosas em várias classes de tamanho de perímetro na floresta ribeirinha e na floresta de terras altas

**Quadro 4: Resumo da composição das espécies e das características estruturais dos dois locais de estudo em Obafemi Awolowo University, Senior Staff Quarters Ile-Ife.**

| S/N | Attributes | RIPARIAN FOREST | UPLAND VEGETATION |
|---|---|---|---|
| 1 | No of plots | 3 | 3 |
| 2 | Number of woody species | 38 | 40 |
| 3 | Number of Trees | 23 | 24 |
| 4 | Number of Shrubs | 15 | 16 |
| 5 | Number of climbers | 2 | 1 |
| 6 | No of families | 26 | 24 |
| 7 | Total mean basal area $m^2$ $ha^{-1}$ | 0.5544±0.1226 | 0.7517±0.3985 |
| 8 | Density of woody species $ha^{-1}$ | 5800 | 6725 |
| 9 | Shannon-Wiener | 2.437 | 2.712 |
| 10 | Mean Girth size (cm) | 23.11 | 24..04 |
| 11 | Species Evenness | 0.670 | 0.721 |

## 4.2 EMERGÊNCIA DE PLÂNTULAS

O resultado da emergência de plântulas em termos da composição de espécies para ambas as estações a 0-15 cm nos dois locais de estudo, a sua densidade média (sementes/$m^2$) e as suas contribuições percentuais são apresentados nos Quadros (5-6).

### 4.2.1 Emergência de plântulas na recolha de solo na estação seca a (0-15) cm de profundidade nos dois tipos de vegetação.

**Floresta ripária.**

Um total médio de 107 plântulas ou 640 sementes/$m^2$ emergiu na floresta ribeirinha a 0-15 cm de profundidade (Quadro 5). Trinta e quatro (34) espécies emergiram na floresta ripária, consistindo em três (3) espécies lenhosas, nomeadamente *Alchornea cordifolia, Harungana madagascariensis* e *Trema orientalis*. *Vigna gracilis* foi identificada como uma trepadeira. As ervas dominaram o banco de sementes da floresta ribeirinha a 0-15 cm com um total de 102 plântulas ou 614 sementes/$m^2$ . As plântulas de espécies lenhosas representaram 4,04% da densidade de sementes do banco de sementes, enquanto as plântulas de ervas representaram 95,96% da densidade total de sementes do banco de sementes. *Chromolaena odorata* deu a maior contribuição para o banco de sementes com um total de 29 plântulas (176 sementes/$m^2$ ) ou 27,9% da densidade total da densidade do banco de sementes. *Adenia sp, Ageratum conyzoides, Alchornea cordifolia, Asystasia gangetica, Croton lobatus, Chromolaena veronica, Cissampelos owariensis, Cercurinegia sp, Gouania longipetala, Harungana madagascariensis, Peperomia pellucida, Poulzolzia guineensis, Solenostemon rotundifolius, Spilanthes sp, Terminalia ivorensis, Trema orientalis* e *Vigna gracilis* contribuíram com (01) plântula cada para a densidade do banco de sementes, o que representa 0,93% do total. Todas as outras espécies apresentaram valores intermediários.

**Tabela 5: Densidade média (sementes /m$^2$ ) e contribuição percentual de cada espécie no banco de sementes de Floresta ripária, tanto na estação seca como na estação das chuvas, recolha a 0-15 cm**

| SPECIES | HABIT | DRY SEASON Seed/m$^2$ | %SEEDBANK | RAINY SEASON Seeds/m$^2$ | %SEED BANK |
|---|---|---|---|---|---|
| *Adenia sp.* | Herbaceous | 06 | 0.93 | - | - |
| *Ageratum conyzoides* | Herbaceous | 06 | 0.93 | - | - |
| *Alchornea cordifolia* | Woody | 06 | 0.93 | - | - |
| *Asystasia gangetica* | Herbaceous | 06 | 0.93 | - | - |
| *Borreria ocymoides* | Herbaceous | 84 | 13.1 | - | - |
| *Borreria verticilata* | Herbaceous | 166 | 25.9 | - | - |
| *Cercurinegia sp* | Herbaceous | 06 | 0.93 | - | - |
| *Chromolaena odorata* | Herbaceous | 176 | 27.5 | 92 | 13 |
| *Chromolaena veronica* | Herbaceous | 06 | 0.93 | - | - |
| *Cissampelos owariensis* | Herbaceous | 06 | 0.93 | - | - |
| *Cormelina sp* | Herbaceous | 08 | 1.25 | - | - |
| *Croton lobatus* | Herbaceous | 06 | 0.93 | - | - |
| *Cyperus dactylon* | Herbaceous | - | - | 30 | 4.24 |
| *Dissotis idanrensis* | Herbaceous | - | - | 190 | 26.8 |
| *Dissotis rotundifolia* | Herbaceous | 32 | 5.00 | - | - |
| *Elaies guineensis* | Woody | - | - | 166 | 23.4 |
| *Eleusine indica* | Herbaceous | 22 | 3.44 | - | - |
| *Fleurya aestuans* | Herbaceous | 24 | 3.75 | - | - |
| *Fluggea virosa* | Herbaceous | 06 | 0.93 | - | - |

| Species | | | | |
|---|---|---|---|---|
| *Gouania longipetala* | Herbaceous | 06 | 0.93 | - | - |
| *Harungana madagascariensis* | Woody | 06 | 0.93 | - | - |
| *Mallotus oppositifolius* | Woody | - | - | 38 | 5.37 |
| *Mariscus alternifolius* | Herbaceous | - | - | 06 | 0.85 |
| *Oldenlandia corymbosa* | Herbaceous | - | - | 174 | 24.6 |
| *Oplismenus burmanni* | Herbaceous | 08 | 1.25 | - | - |
| *Peperomia pellucida* | Herbaceous | 06 | 0.93 | 06 | 0.85 |
| *Phyllanthus niruri* | Herbaceous | 08 | 1.25 | - | - |
| *Poulzolzia guineensis* | Herbaceous | 06 | 0.93 | - | - |
| *Schrankia leptocarpa* | Herbaceous | 08 | 1.25 | - | - |
| *Solenostemon rotundifolius* | Herbaceous | 06 | 0.93 | - | - |
| *Spilanthes sp.* | Herbaceous | 06 | 0.93 | - | - |
| *Synedrella nodiflora* | Herbaceous | - | - | 06 | 0.85 |
| *Talinum triangulare* | Herbaceous | - | - | 06 | |
| *Terminalia ivorensis* | Herbaceous | 06 | 0.93 | - | - |
| *Trema orientalis* | Woody | 06 | 0.93 | - | - |
| *Vigna gracilis* | Herbaceous | 06 | 0.93 | - | - |
| **TOTAL** | | 640 | 100% | 708 | 100% |

---

**Vegetação de terras altas.**

Um total médio de 121 plântulas ou 728 sementes/m$^2$ emergiu na floresta de terra firme (Quadro 6) a partir da recolha de solo da estação seca a 0-15 cm. Quarenta e uma (41) espécies emergiram na vegetação de terras altas, consistindo em duas (2) espécies lenhosas, nomeadamente *Grewia orientalis* e *Trema orientalis*. As plântulas de espécies lenhosas constituíram 3,28% do banco total de sementes, enquanto as plântulas herbáceas constituíram 96,72% do banco total de sementes. Uma planta herbácea *(Chromolaena odorata)* foi a espécie que mais contribuiu para o banco de sementes, com um total médio de 36 plântulas (216 sementes/m$^2$ ) ou 29,7% da densidade média total do banco de sementes. *Andropogon sp, Asystasia gangetica, Desmodium sp, Dissotis rotundifolia, Euphorbia heterophyla, Euphorbia germinus, Grewia orientalis, Ipomoea involucrata, Peperomia pellucida, Schrankia leptocarpa, Solenostemon rotundifolius, Talinum triangulare, Veronica abyssinica* e *Vigna gracilis* contribuíram com (01) plântula cada para a densidade do banco de sementes, o que representou 0.82% do total. Todas as outras espécies apresentaram valores intermédios

**Tabela 6: Densidade média (sementes/m$^2$ ) e contribuição percentual de cada espécie no banco de sementes de Coleção de vegetação de terras altas, tanto na estação seca como na estação das chuvas, a 0-15 cm**

| S/N | Species | Habit | Dry season seed/m | %Seedbank | Rainy season seed/m$^2$ | %Seedbank |
|---|---|---|---|---|---|---|
| 1 | *Ageratum conyzoides* | Herbaceous | 28 | 3.85 | - | - |
| 2 | *Andropogon sp* | Herbaceous | 06 | 0.82 | - | - |
| 3 | *Aneilla sp.* | Herbaceous | 22 | 3.02 | - | - |
| 4 | *Aristolochia ringens* | Herbaceous | 10 | 1.37 | 06 | 1.16 |
| 5 | *Aspillia Africana* | Herbaceous | - | - | 06 | 1.16 |
| 6 | *Asystasia gangetica* | Herbaceous | 06 | 0.82 | - | - |
| 7 | *Blumea lacera* | Herbaceous | - | - | 06 | 1.16 |
| 8 | *Borreria ocymoides* | Herbaceous | 96 | 13.2 | - | - |
| 9 | *Borreria verticilata* | Herbaceous | 60 | 8.24 | - | - |
| 10 | *Chromolaena odorata* | Herbaceous | 216 | 29.7 | 226 | 43.8 |
| 11 | *Croton lobatus* | Herbaceous | 10 | 1.37 | - | - |
| 12 | *Desmodium sp* | Herbaceous | 32 | 4.40 | 06 | 1.16 |
| 13 | *Dissotis idanrensis* | Herbaceous | - | - | 26 | 5.04 |
| 14 | *Dissotis rotundifolius* | Herbaceous | 06 | 0.82 | - | - |
| 15 | *Elaeis guineensis* | Woody | - | - | 122 | 23.6 |
| 16 | *Eleusine indica* | Herbaceous | 62 | 8.52 | - | - |
| 17 | *Euphorbia germinus* | Herbaceous | 06 | 0.82 | - | - |
| 18 | *Euphorbia heterophyla* | Herbaceous | 06 | 0.82 | - | - |
| 19 | *Euphorbia migrant* | Herbaceous | - | - | 06 | 1.16 |
| 20 | *Faroa pasilla* | Herbaceous | - | - | 16 | 3.10 |
| 21 | *Fleurya aestuans* | Herbaceous | 50 | 6.87 | - | - |
| 22 | *Fluggea virosa* | Herbaceous | - | - | 06 | 1.16 |
| 23 | *Grewia orientalis* | Woody | 06 | 0.82 | - | - |
| 24 | *Ipomoea involucrata* | Herbaceous | 06 | 0.82 | - | - |
| 25 | *Mariscus alternifolius* | Herbaceous | - | - | 16 | 3.10 |
| 26 | *Mimosa pudica* | Herbaceous | - | - | 14 | 2.71 |
| 27 | *Oldenlandia corymbosa* | Herbaceous | - | - | 16 | 3.10 |

| | | | | | | |
|---|---|---|---|---|---|---|
| 28 | Peperomia pellucida | Herbaceous | 06 | 0.82 | 06 | 1.16 |
| 29 | Phaelopsis barteri | Herbaceous | - | - | 06 | 1.16 |
| 30 | Phylanthus niruri | Herbaceous | 14 | 1.92 | - | - |
| 31 | Physalis micratal | Herbaceous | - | - | 06 | 1.16 |
| 32 | Schrankia leptocarpa | Herbaceous | 06 | 0.82 | - | - |
| 33 | Solenostemon rotundifolius | Herbaceous | 06 | 0.82 | - | - |
| 34 | Spamicosa aximoides | Herbaceous | - | - | 06 | 1.16 |
| 35 | Spilanthes sp. | Herbaceous | 10 | 1.37 | - | - |
| 36 | Spigelia anthelmia | Herbaceous | 28 | 3.85 | - | - |
| 38 | Synedrella nodiflora | Herbaceous | - | - | 06 | 1.16 |
| 39 | Talinum triangulare | Herbaceous | 06 | 0.82 | 06 | 1.16 |
| 40 | Trema orientalis | Woody | 12 | 1.64 | - | - |
| 41 | Veronica abyssinica | Herbaceous | 06 | 0.82 | - | - |
| 42 | *Vigna gracilis* | Herbaceous | 06 | 0.82 | 08 | 1.55 |
| | **TOTAL** | | 728 | 100% | 516 | 100% |

## 4.2.2 Emergência de plântulas na recolha de solo da estação chuvosa (a 0-15) cm de profundidade nos dois locais de vegetação.

### Floresta ripária

Um total médio de 118 plântulas ou 708 sementes/$m^2$ emergiu na Mata Ciliar na estação das chuvas a 0-15 cm de profundidade (Tabela 5). Dez (10) espécies emergiram na floresta ripária e incluem duas (2) espécies lenhosas que são *Mallotus oppositifolius* e *Elaies guineensis*. Estas constituíram cerca de 25,77% da densidade total do banco de sementes, enquanto outras espécies herbáceas representaram 74,23% do banco de sementes total. *Elaeis guineensis* deu a maior contribuição para o banco de sementes com um total de 28 plântulas (166 sementes/$m^2$ ) ou 23,4% da densidade total do banco de sementes. *Mariscus alternifolius, Peperomia pellucida, Synedrella nodiflora* e *Talinum triangulare* contribuíram com (01) plântula cada para a densidade do banco de sementes, o que representou 0,85% da densidade total de sementes. Todas as outras espécies apresentaram valores intermédios.

**Vegetação de terras altas.**

Um total médio de 86 plântulas ou 516 sementes/$m^2$ emergiu na floresta de terras altas (Quadro 6) a partir da recolha de solo da estação das chuvas a 0-15 cm. Vinte (20) espécies emergiram na vegetação de terras altas a 0-15 cm, com apenas uma espécie lenhosa (*Elaeis guineensis*). *Chromolaena odorata* deu a maior contribuição para o banco de sementes com um total de 38 plântulas (226 sementes/$m^2$ ) ou 43,8% da densidade total da densidade do banco de sementes. *Aristolochia ringen, Aspillia africana, Blumea lacera, Desmodium sp, Fluggea virosa, Euphorbia migrant, Mimosa pudica, Physalis micratal, Peperomia pellucida, Phaelopsis barterii, Spamicosa aximoides* e *Synedrella nodiflora* contribuíram com uma (01) plântula cada para a densidade média do banco de sementes, o que representou 1,16% do total. Todas as outras espécies apresentaram valores intermédios.

### 4.2.3 Emergência de plântulas na colheita de solo da estação seca a (15-30) cm de profundidade nos dois locais de vegetação

**Floresta ripária**

Um total médio de 48 plântulas ou 286 sementes/$m^2$ emergiu na floresta ribeirinha, (Quadro 7) a partir da recolha de solo na estação seca a 15-30 cm. Surgiram quinze (15) espécies, das quais apenas uma espécie lenhosa, *Trema orientalis,* foi identificada. Uma planta herbácea, *Cissampelos owariensis,* deu a maior contribuição para o banco de sementes com um total de 12 plântulas (72 sementes/$m^2$ ) ou 25,5% da densidade total do banco de sementes. *Vigna gracilis* também foi identificada como a única trepadeira na floresta. *Ageratum conyzoides, Phyllanthus niruris, Schrankia leptocarpa, Trema orientalis* e *Vigna gracilis* contribuíram com uma (01) plântula cada para a densidade do banco de sementes e isso representou 2,10% da porcentagem total. Todas as outras espécies apresentaram valores intermediários.

**Tabela 7:  Densidade média (sementes/m² ) e contribuição percentual de cada espécie no banco de sementes da Mata Ciliar nas coletas da estação seca e chuvosa a 15-30 cm**

| S/N | Species | Habit | Dry season seed/m² | %Seed bank | Rainy season seed/m² | %Seed bank |
|---|---|---|---|---|---|---|
| 1 | *Ageratum conyzoides* | Herbaceous | 06 | 2.10 | - | - |
| 2 | *Borreria ocymoides* | Herbaceous | 70 | 24.5 | - | - |
| 3 | *Borreria verticilata* | Herbaceous | 34 | 11.9 | - | - |
| 4 | *Chromolaena odorata* | Herbaceous | 34 | 11.9 | 6 | 3.30 |
| 5 | *Cissampelos owariensis* | Herbaceous | 72 | 25.2 | - | - |
| 6 | *Dissotis idanrensis* | Herbaceous | - | - | 34 | 18.7 |
| 7 | *Fleurya aestuans* | Herbaceous | 16 | 5.59 | - | - |
| 8 | *Fluggea virosa* | Herbaceous | 18 | 6.29 | - | - |
| 9 | *Gouania longipetala* | Herbaceous | 12 | 4.20 | - | - |
| 10 | *Mallotus oppositifolius* | Woody | - | - | 6 | 3.30 |
| 11 | *Oldenlandia corymbosa* | Herbaceous | - | - | 136 | 74.7 |
| 12 | *Phyllanthus niruri* | Herbaceous | 06 | 2.10 | - | - |
| 13 | *Schrankia leptocarpa* | Herbaceous | 06 | 2.10 | - | - |
| 14 | *Trema orientalis* | Woody | 06 | 2.10 | - | - |
| 15 | *Vigna gracilis* | Herbaceous | 06 | 2.10 | - | - |
| | *TOTAL* | | 286 | 100% | 182 | 100% |

## Vegetação de terras altas

Um total médio de 52 plântulas ou 310 sementes/m² emergiu na floresta de planalto (Quadro 8) a partir da recolha de solo da estação seca. Dezanove (19) espécies emergiram na vegetação de planalto. A *Grewia orientalis* foi a única espécie lenhosa presente na vegetação e constituiu 1,94% da densidade total do banco de sementes, enquanto as restantes espécies herbáceas constituíram 98,06% do banco total de sementes.

*Borreria ocymoides* deu a maior contribuição para o banco de sementes com um total de 15 plântulas (92 sementes/m$^2$ ) ou 29,7% da densidade total da densidade do banco de sementes. *Asystasia gangetica, Croton lobatus, Desmodium sp, Euphorbia germinus, Grewia orientalis, Phylanthus niruri, Spilanthes sp., Spigelia anthelmia, Talinum triangulare , Gounia longipetala* e *Vigna gracilis* contribuíram com (01) plântula cada para a densidade do banco de sementes, o que representou

1,94% do total. Todas as outras espécies apresentaram valores intermédios.

**Tabela 8:** **Densidade média (sementes/m$^2$ ) e contribuição percentual de cada espécie no banco de sementes de**

**Coleção de vegetação de terras altas, tanto na estação seca como na estação das chuvas, a 15-30**

| S/N | SPECIES | Habit | Dry season seed/m$^2$ | %Seedbank | Rainy season seed/m$^2$ | %Seed bank |
|---|---|---|---|---|---|---|
| 1 | *Ageratum conyzoides* | Herbaceous | 12 | 3.87 | 06 | 8.57 |
| 2 | *Aneilla sp.* | Herbaceous | 08 | 2.58 | - | - |
| 3 | *Asystasia gangetica* | Herbaceous | 06 | 1.94 | - | - |
| 4 | *Borreria ocymoides* | Herbaceous | 92 | 29.7 | - | - |
| 5 | *Borreria verticilata* | Herbaceous | 18 | 5.81 | - | - |
| 6 | *Chromolaena odorata* | Herbaceous | 72 | 23.2 | 20 | 28.6 |
| 7 | *Croton lobatus* | Herbaceous | 06 | 1.94 | - | - |
| 8 | *Desmodium sp* | Herbaceous | 06 | 1.94 | - | - |
| 9 | *Eleusine indica* | Herbaceous | 34 | 11.0 | - | - |
| 10 | *Fleurya aestuans* | Herbaceous | 20 | 6.45 | - | - |
| 11 | *Fluggea virosa* | Herbaceous | - | - | 18 | 25.7 |
| 12 | *Grewia orientalis* | Woody | 06 | 1.94 | - | - |
| 13 | *Oldenlandia corymbosa* | Herbaceous | - | - | 20 | 28.6 |
| 14 | *Phaelopsis barteri* | Herbaceous | - | - | 06 | 8.57 |
| 15 | *Phylanthus niruri* | Herbaceous | 06 | 1.94 | - | - |
| 16 | *Spilanthes sp.* | Herbaceous | 06 | 1.94 | - | - |
| 17 | *Spigelia anthelmia* | Herbaceous | 06 | 1.94 | - | - |
| 18 | *Talinum triangulare* | Herbaceous | 06 | 1.94 | - | - |
| 19 | *Vigna gracilis* | Herbaceous | 06 | 1.94 | - | - |
| | **TOTAL** | | 310 | 100% | 70 | 100% |

**4.2.4 Emergência de plântulas na estação chuvosa, na recolha de solo a (15-30) cm de profundidade em todas as duas vegetações.** Mata Ciliar

Um total médio de 30 plântulas ou 182 sementes/m$^2$ emergiu na floresta ribeirinha, (Quadro 7) a partir da recolha de solo na estação das chuvas a 15-30 cm. Quatro (4) espécies emergiram na Mata Ciliar, consistindo em apenas uma (1) espécie lenhosa e as outras eram espécies herbáceas. A espécie lenhosa (*Mallotus oppositifolius*) representou 3,30% do banco de sementes, enquanto as espécies herbáceas constituíram 88,30% da densidade do banco de sementes. A *Oldenlandia corymbosa* deu a maior contribuição para o banco de sementes com um total de 23 plântulas ou 136 sementes/m$^2$ ou 74,7% da densidade total de sementes. *Chromolaena odorata* e *Mallotus oppositifolius* contribuíram com uma (01) plântula cada para a densidade do banco de sementes e isso representou 3,30% do total. Todas as outras espécies apresentaram valores intermediários.

**Vegetação de terras altas**

Um total médio de 12 plântulas ou 70 sementes/m$^2$ emergiu na vegetação de terras altas (Quadro 7) a partir da recolha de solo da estação das chuvas a 15-30 cm de profundidade. Todas as cinco (5) espécies que emergiram da vegetação eram ervas, nomeadamente *Ageratum conyzoides, Oldenlandia corymbosa, Phaelopsis barteri, Fluggea virosa* e *Chromolaena odorata*. Uma espécie herbácea, *C. odorata*, deu a maior contribuição para o banco de sementes com um total de 3 plântulas (20 sementes/m$^2$ ) ou 28,6% da densidade total da densidade do banco de sementes. *Ageratum conyzoides* e *Phaelopsis barteri* contribuíram com uma (01) plântula cada para a densidade do banco de sementes e isso representou 8,57% do total. Todas as outras espécies apresentaram valores intermediários.

### 4.3    Variação do banco de sementes em diferentes profundidades

A densidade do banco de sementes foi significativamente maior a 0-15 cm de profundidade do que a 15-30 cm de profundidade nos dois tipos de vegetação em estudo em ambas as estações (Tabela 9). As Figuras 3 e 4 apresentam uma representação gráfica da densidade de sementes a diferentes profundidades nos dois tipos de vegetação, na recolha de solo na estação das chuvas e na estação seca. Na Mata Ciliar, *a Chromolaena odorata foi* a que mais contribuiu para o banco de sementes com um total de 176 sementes/m$^2$ ou 27,9% da densidade total da densidade do banco de sementes na coleção de solo da estação seca a 0-15 cm de profundidade, enquanto na coleção de solo da estação chuvosa a *Dissotis idanrensis* foi a que mais contribuiu para o banco de sementes com um total de 190 sementes/m$^2$

ou 26,8%. A 15-30 cm de profundidade, *Cissampelos owariensis* deu a maior contribuição para o banco de sementes com um total de 72 sementes/m$^2$ ou 25,2% na recolha de solo da estação seca, enquanto na recolha de solo da estação das chuvas *Oldenlandia corymbosa* deu a maior contribuição para o banco de sementes com um total de 23 plântulas (136 sementes/m$^2$) ou 74,7% da densidade total da densidade do banco de sementes. Na vegetação de terras altas, a *Chromolaena odorata* deu a maior contribuição para o banco de sementes com um total de 216 sementes/m$^2$) ou 29,7% na recolha de solo da estação seca a 0-15 cm de profundidade, enquanto na recolha de solo da estação das chuvas a *Chromolaena odorata* deu a maior contribuição para o banco de sementes com um total de 226 sementes/m$^2$ ou 46,8% da densidade total da densidade do banco de sementes. A 15-30 cm de profundidade, a *Borreria ocymoides* teve a maior contribuição para o banco de sementes, com um total de 92 sementes/m$^2$ ou 29,7%, enquanto na estação chuvosa a coleção de solo *Oldenlandia corymbosa* teve a maior contribuição para o banco de sementes, com um total de 20 sementes/m$^2$ ou 28,6% da densidade total da densidade do banco de sementes. Na estação seca, a densidade total de sementes do solo foi maior na vegetação de terras altas, enquanto na estação chuvosa a densidade total de sementes foi maior na floresta ribeirinha.

**4.4     Banco de sementes e dinâmica sazonal**

A densidade total de sementes variou de 720-1242 sementes/m$^2$ na estação seca e 354-924 sementes/m$^2$ na estação chuvosa na vegetação de terras altas. A densidade de sementes foi mais elevada na estação seca do que na estação das chuvas. Para as recolhas de solo da estação seca e da estação das chuvas, respetivamente, a taxa de germinação na floresta de planalto mostrou que apenas algumas espécies germinaram nos primeiros dois meses, o que pode dever-se ao facto de as condições necessárias para a germinação não terem sido satisfeitas. Um grande número de espécies começou a emergir no mês 3rd (junho) onde a germinação estava no seu pico e um declínio óbvio foi observado no mês 5th (agosto) enquanto a recolha de solo na estação chuvosa teve o pico no mês 3rd (outubro) e um declínio no mês 4th (novembro) o que pode ser devido ao facto de a maioria das sementes de plantas no solo ter germinado em ambas as situações. A densidade total de sementes variou de 468-1344 sementes/m$^2$ na estação seca e 564-1338 sementes/m$^2$ na estação chuvosa na Mata Ciliar. A densidade de sementes foi maior na estação seca do que na estação chuvosa. **Para a recolha de** solo na estação seca e chuvosa, a taxa de germinação em todas as parcelas da floresta ribeirinha para a recolha de solo na estação seca mostrou que atingem o seu pico mais alto no 3rd mês (junho) e um declínio no 4th mês (julho), enquanto a recolha de solo na estação chuvosa mostrou que atingem o seu pico no 3rd mês (outubro) e começam a declinar no 4th mês (novembro). Poucas espécies emergiram em dezembro, após o que a germinação pára.

**Tabela 9: Resumo da densidade média de sementes/$m^2$ em diferentes profundidades em ambas as estações nos dois locais de vegetação na Universidade Obafemi Awolowo, Ile-Ife.**

| SEASON | DEPTH(cm) | RIPARIAN | UPLAND |
|---|---|---|---|
| RAINY | 0-15 | 708 | 516 |
| | 15-30 | 182 | 70 |
| DRY | 0-15 | 640 | 728 |
| | 15-30 | 286 | 310 |

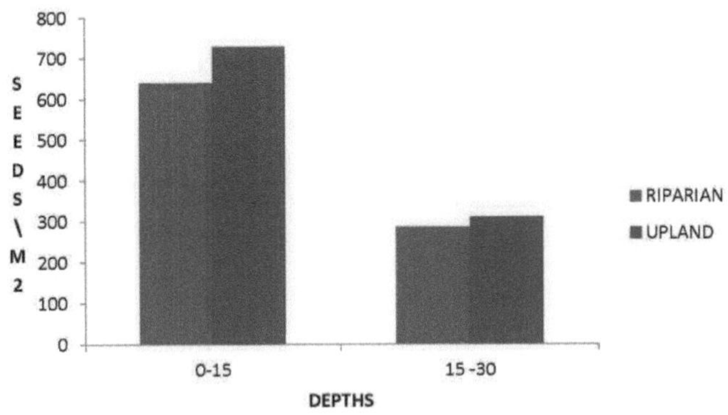


**Fig 3: Densidade de sementes a diferentes profundidades nos dois tipos de vegetação na recolha de solo da estação seca**

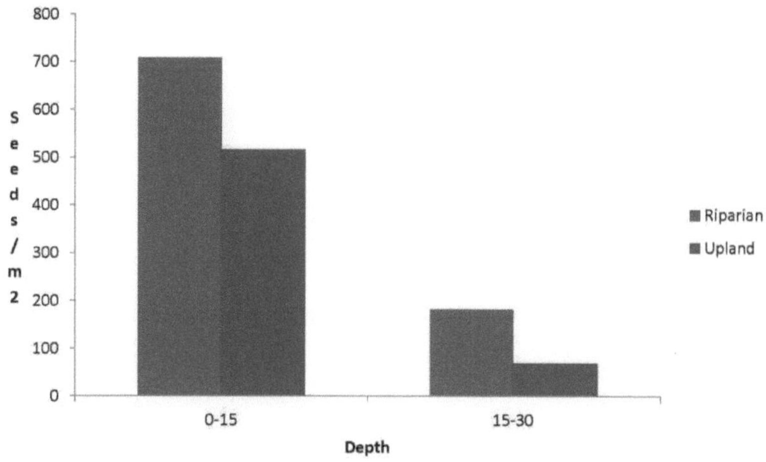



**Fig 4: Densidade de sementes a diferentes profundidades nos dois tipos de vegetação na recolha de solo da estação das chuvas**

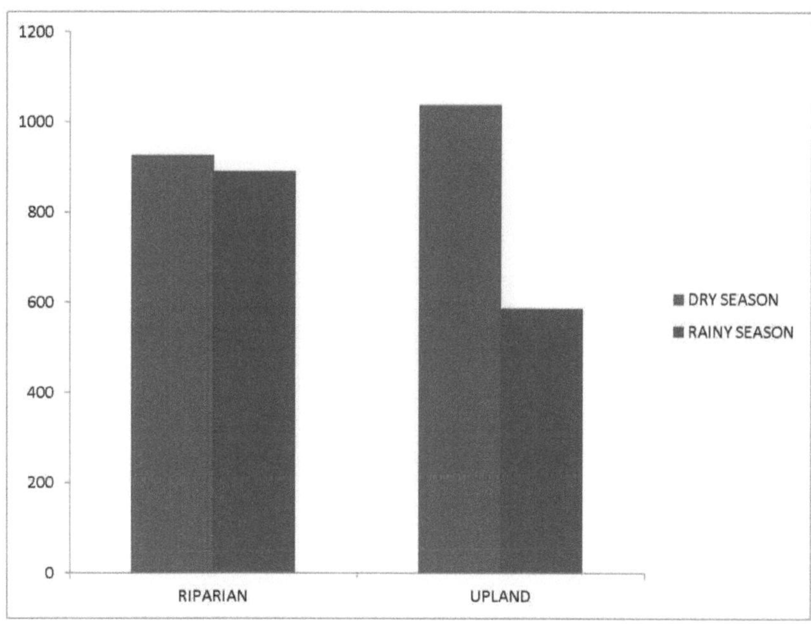



**Fig 5: Densidade total de sementes (emergência) em diferentes estações nos dois tipos de vegetação**

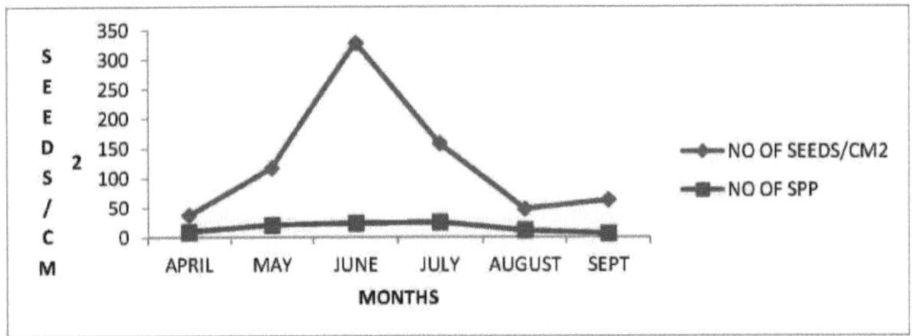


Fig 6: Emergência mensal de plântulas e espécies em ambas as profundidades a partir da recolha de solo na estação seca na floresta ribeirinha.

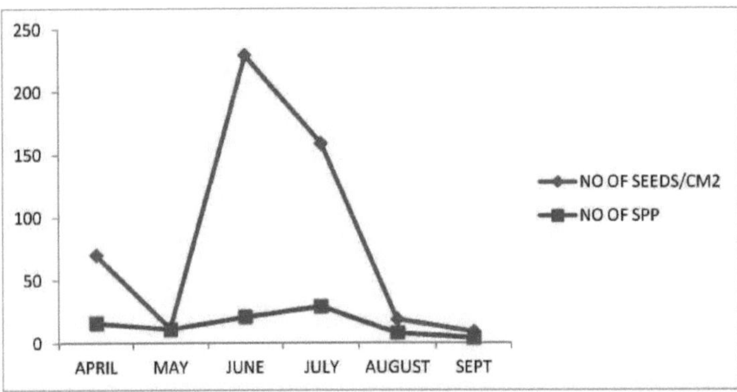


Fig 7: Emergência mensal de plântulas e espécies em ambas as profundidades a partir da recolha de solo da estação seca na vegetação de terras altas.

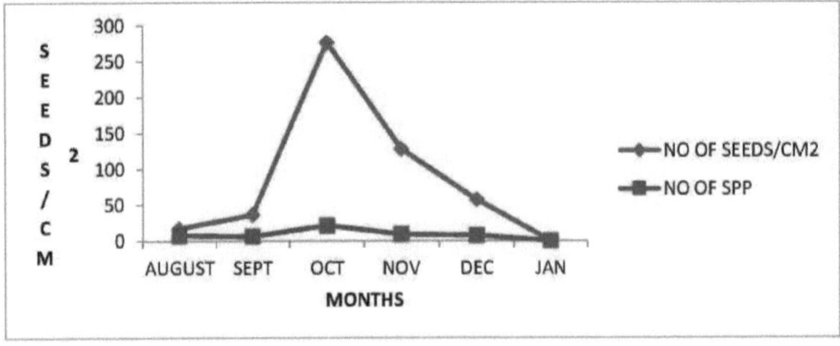


Fig 8: Emergência mensal de plântulas e espécies em ambas as profundidades a partir da recolha de solo na estação das chuvas na floresta ribeirinha.

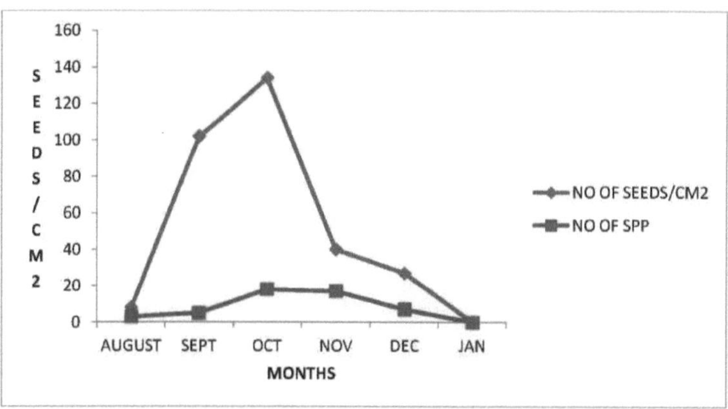


Fig 9: Emergência mensal de plântulas e espécies em ambas as profundidades a partir da recolha de solo na estação das chuvas na vegetação de terras altas.

## 4.5 Vegetação em pé e banco de sementes

Cinquenta e uma (51) espécies emergiram do banco de sementes da floresta ripária, consistindo em quatro (4) espécies lenhosas, nomeadamente *Alchornea cordifolia, Trema orientalis, Elaeis guineensis, Mallotus oppositifolia*. No entanto, apenas uma (1) das espécies lenhosas que emergiram do banco de sementes (*Alchornea cordifolia*) foi observada entre a vegetação lenhosa estabelecida, enquanto as outras espécies lenhosas estavam ausentes na vegetação em pé.

Na vegetação de terras altas, quarenta e uma (41) espécies emergiram do banco de sementes do solo em ambas as estações a diferentes profundidades, consistindo apenas em três espécies lenhosas, nomeadamente *Trema orientalis, Elaeis guineensis e Grewia orientalis. Trema orientalis* e *Harungana madagascariensis* foram apenas as duas espécies lenhosas que tiveram representatividade na vegetação em pé (Fig. 10). A densidade do banco de sementes não foi significativamente diferente entre as duas vegetações (P>0,05) nas estações seca e chuvosa.

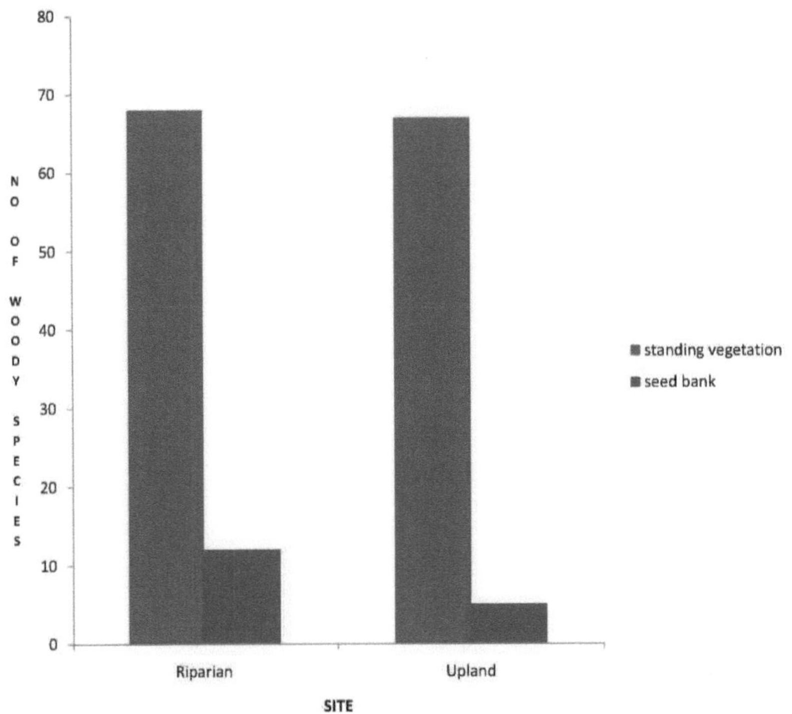


**Fig. 10: Número de espécies lenhosas na vegetação em pé e no banco de sementes dos dois tipos de vegetação**

## 4.6    PROPRIEDADES DO SOLO

Os resultados das análises do solo dos dois locais de estudo são apresentados no quadro 10

### 4.6.1    Densidade aparente

A densidade aparente dos solos variou de 0,69-1,30 g/cm$^3$ na floresta ripária e de 0,71-1,59 g/cm$^3$ na vegetação de terras altas. A vegetação de terras altas teve a maior densidade aparente em comparação com a floresta ripária. A densidade aparente dos dois tipos de vegetação não foi significativamente diferente a P>0,05.

### 4.6.2    Distribuição do tamanho das partículas

O teor de argila diminuiu com o aumento da profundidade na floresta ripária, enquanto aumentou com o aumento da profundidade na vegetação de planalto. O teor de argila a 0-15 cm foi mais elevado na vegetação ripícola do que na vegetação de planalto, enquanto a 15-30 cm foi mais elevado no planalto. Nos dois tipos de vegetação, o teor de argila não foi significativamente diferente em ambas as profundidades. O teor de areia aumentou com o aumento da profundidade em ambas as vegetações. Além disso, o teor de areia foi mais elevado na vegetação de planalto na camada superior (0-15 cm), enquanto na camada inferior (15-30 cm) foi mais elevado na floresta ripícola. No entanto, o teor de areia não foi significativamente diferente entre os dois tipos de vegetação a diferentes profundidades. A 0-15 cm, o teor de silte foi mais elevado na floresta ripícola do que na vegetação de planalto, enquanto a 15-30 cm foi mais elevado no planalto. Em ambas as profundidades, o teor de sedimentos diminui com o aumento da profundidade. Não houve diferença significativa no teor de areia, silte e argila nas duas profundidades em cada um dos dois tipos de vegetação.

**Quadro 10: Valores médios das propriedades do solo a 0-15 cm e 15-30 cm de profundidade na floresta ribeirinha e na vegetação de terras altas adjacente na zona de Ile-Ife, no sudoeste da Nigéria.**

| Soil properties | Soil depth(cm) | Riparian forest | Upland vegetation |
|---|---|---|---|
| pH(1:1) | 0-15 | 6.13±0.39 | 6.03±0.49 |
| | 15-30 | 5.99±0.34 | 5.78±0.37 |
| % Total N | 0-15 | 0.24±0.04 | 0.24±0.01 |
| | 15-30 | 0.1±0.02 | 0.11±0.01 |
| % Org. Carbon | 0-15 | 2.50±0.39 | 2.55±0.33 |
| | 15-30 | 0.83±0.05 | 0.85±0.04 |
| % Org. matter | 0-15 | 4.39±0.57 | 4.29±0.67 |
| | 15-30 | 1.46±0.08 | 1.43±0.09 |
| | 0-15 | 69.6±1.46 | 69.4±3.15 |
| PPM Total P | 15-30 | 38.1±2.47 | 38.5±2.84 |
| Cmol/Kg Ca | 0-15 | 0.74±0.17 | 0.72±0.02 |
| | 15-30 | 0.40±0.02 | 0.38±0.03 |

| | | | |
|---|---|---|---|
| Cmol/Kg Mg | 0-15 | 0.38±0.02 | 0.38±0.02 |
| | 15-30 | 0.22±0.01 | 0.20±0.03 |
| Cmol/Kg K | 0-15 | 0.21±0.04 | 0.22±0.03 |
| | 15-30 | 0.12±0.02 | 0.12±0.01 |
| Cmol/Kg Na | 0-15 | 0.10±0.02 | 0.12±0.01 |
| | 15-30 | 0.08±0.01 | 0.07±0.01 |
| % Sand | 0-15 | 71.2±2.24 | 74.5±2.90 |
| | 15-30 | 79.6±1.06 | 79.2±1.85 |
| % Clay | 0-15 | 18.4±1.99 | 16.1±2.58 |
| | 15-30 | 16.7±1.35 | 16.9±1.60 |
| % Silt | 0-15 | 11.1±2.28 | 9.6±1.12 |
| | 15-30 | 3.73±1.16 | 3.93±1.71 |

### 4.6.3  pH do solo

Os resultados revelaram que os solos de ambos os tipos de vegetação são de natureza ácida, uma vez que o pH variou entre 5,99 e 6,13 na floresta ripícola e entre 5,78 e 6,03 na vegetação de montanha. Em ambas as profundidades, o pH do solo foi mais elevado na floresta ripícola do que na vegetação de montanha. O pH não foi significativamente diferente entre os dois locais de vegetação e também entre as profundidades em cada um dos dois locais.

### 4.6.4  Teor de matéria orgânica

O teor de matéria orgânica variou entre 1,43 e 4,39 em ambos os tipos de vegetação e diminuiu com o aumento da profundidade em ambos os sítios. O teor de matéria orgânica foi mais elevado na floresta ripária do que na vegetação de terra firme em ambas as profundidades. Não houve diferença significativa p<0,05 no teor de matéria orgânica entre as duas vegetações em ambas as profundidades.

### 4.6.5 Azoto e fósforo totais

Em ambos os tipos de vegetação, o azoto total variou entre 0,1 e 0,24%. A percentagem de azoto diminuiu com o aumento da profundidade em ambos os tipos de vegetação. O teor de azoto foi idêntico tanto na vegetação de terras altas como na vegetação ribeirinha a 0-15 cm, enquanto a 15-30 cm foi mais elevado na vegetação de terras altas. O azoto total não foi significativamente diferente entre os dois tipos de vegetação. O fósforo total variou de 38,1-69,6% em ambos os tipos de vegetação. Diminuiu com o aumento da profundidade nos dois tipos de vegetação. O teor de fósforo foi mais elevado na floresta ripícola a 0-15 cm, enquanto que a 15-30 cm foi mais elevado na vegetação de planalto. Não houve diferença significativa no fósforo total nos dois tipos de vegetação em ambas as profundidades.

### 4.6.6 Catiões permutáveis

A concentração de catiões permutáveis diminuiu com o aumento da profundidade em ambos os locais. A 0-15 cm, o $Ca^+$ foi mais elevado na floresta ripícola do que na vegetação de montanha, enquanto a 15-30 cm foi também mais elevado na floresta ripícola. Não houve diferença significativa no $Na^+$ entre os dois tipos de vegetação. A concentração de $Na^+$ foi maior na vegetação de planalto a 0-15 cm, mas foi do mesmo nível em ambos os tipos de vegetação a 15-30 cm. Relativamente ao $Mg^+$, tanto a vegetação ripícola como a vegetação de montanha apresentavam o mesmo nível de magnésio na camada superior, ou seja, a 0-15 cm, enquanto a 15-30 cm a floresta ripícola apresentava a concentração mais elevada. Não se registaram diferenças significativas no nível de magnésio nos dois locais de vegetação em ambas as profundidades. Além disso, a concentração de $k^+$ foi mais elevada na vegetação de planalto do que na floresta ripícola a 0-15 cm, mas a concentração foi a mesma a 15-30 cm. Não se registaram diferenças significativas no nível de Potássio nos dois locais de vegetação a ambas as profundidades.

# CAPÍTULO 5

## 5.   0 DISCUSSÃO

### 5.1    Composição das espécies e estrutura da vegetação em pé

A avaliação botânica, tal como a composição florística e os estudos estruturais, é essencial, tendo em conta o seu valor para a compreensão da extensão da biodiversidade vegetal no ecossistema florestal (World Conservation Monitoring Centre (WCMC), 1992). As espécies lenhosas enumeradas neste estudo, tanto na vegetação ribeirinha como na vegetação de terras altas, eram típicas da zona florestal de planície, de acordo com Keay (1959), das florestas húmidas semidecíduas de Charter (1969) e da floresta Guineo-Congoliana do tipo mais seco de White (1983). Algumas das espécies vegetais encontradas em ambos os tipos de vegetação foram registadas na propriedade da universidade por Hall (1970) e Isichei *et al.* (1986).

A densidade das espécies lenhosas variou consideravelmente nos dois tipos de vegetação considerados. Havia mais espécies lenhosas na vegetação de terras altas do que na floresta ribeirinha. Este facto pode ser o resultado do regime de perturbação natural múltipla, como inundações, torrentes de detritos, migração de canais e deslizamentos de terras, bem como quedas de árvores que ocorrem em áreas ribeirinhas, em comparação com a vegetação de terras altas, onde a queda de árvores é a única perturbação (Gregory *et al.*, 1991, Naiman *et al.*, 1993). Outros estudos comparativos em florestas tropicais, como os de Kirika *et al.* (2010) e Eilu e Obua (2005), mostram que a riqueza de espécies lenhosas é geralmente mais elevada em sítios menos degradados do que em sítios degradados. Numerosos factores, como interacções interespecíficas, modificação do habitat, banco de plântulas, disponibilidade de recursos, níveis de perturbação, juntamente com factores estocásticos como a variabilidade climática aleatória, flutuações de recursos e limitação da dispersão, podem influenciar a composição da vegetação nestas florestas (Conell, 1989; Dalling *et al*; 2002). Esta observação é contrária ao relatório de Correll (1997), que referiu que a densidade da vegetação era mais elevada na floresta ripícola do que na vegetação adjacente de terras altas. Poucas espécies eram dominantes em ambos os tipos de vegetação, o que foi claramente demonstrado pela composição de espécies lenhosas das parcelas, onde poucas espécies contribuíram com uma percentagem muito elevada para as densidades de árvores lenhosas. Esta diferença na composição das espécies pode também dever-se à diferença na fisionomia, nas propriedades do solo e noutros factores que afectam a composição das espécies.

O baixo nível de semelhança observado na vegetação em pé dos dois sítios de estudo utilizando a análise de semelhança (Sorenson, 1948) reflecte a diferença na composição de espécies dos sítios. Esta observação está de acordo com o relatório de Chandrashekara e Ramakrishna (1993), segundo o qual o nível de perturbação e as idades de sucessão da floresta têm efeitos na composição das espécies. A presença de poucas espécies lenhosas, a maioria das quais são espécies florestais de crescimento secundário, indica também que os sítios foram sujeitos a perturbações antropogénicas recentes. Hall e Okali (1979) observaram que a presença ou o predomínio de espécies de sucessão inicial é uma indicação de perturbação. Os índices de diversidade de espécies registados para a vegetação ribeirinha e de terras altas neste estudo situam-se dentro dos valores de 1,875 - 3,335 relatados por Chukwuka e Isichei (1997) para a vegetação florestal do Campus da Universidade Obafemi Awolowo, Ile-Ife. O índice de Shannon-Wiener mostrou que a diversidade de espécies lenhosas era mais elevada na vegetação de terras altas do que na floresta ribeirinha. A maior diversidade de espécies da vegetação de terras altas é uma indicação de que a vegetação sofre menos perturbações do que a floresta ribeirinha. Este resultado é contrário ao de Decocq *et al.* (2004), que referiram que a diversidade de espécies é mais elevada em ecossistemas perturbados do que em florestas não perturbadas. A uniformidade das espécies é uma medida da abundância relativa das espécies que constituem a riqueza de uma área, sendo a uniformidade máxima (EH = 1) quando todas as espécies num local têm um tamanho de população semelhante; quanto mais elevado for o valor de EH, mais uniformes são as espécies na sua distribuição (Kent e Coker, 1992). Os resultados deste estudo revelaram que a uniformidade das espécies foi mais elevada na vegetação de terras altas do que na floresta ripícola. O valor elevado de $H^1$ pode indicar que as espécies estão distribuídas de forma aleatória e que nenhuma espécie em particular é dominante. Este facto pode dever-se a diferenças nas condições do local e no regime de perturbação nos dois tipos de vegetação. Este facto está de acordo com Naiman *et al,* 1993, que referiu que a vegetação ripícola e a vegetação de planalto adjacente contrastam frequentemente de forma notória em termos de condições físicas, regime de perturbação e padrão de vegetação.

A distribuição das classes de tamanho das árvores pode ser utilizada como indicador de alterações na estrutura da população e na composição das espécies (Newbery e Gartlan, 1996). A distribuição da classe de tamanho do perímetro mostrou que a vegetação ripícola e de terras altas se caracterizava por árvores pequenas e jovens, cujo perímetro era maioritariamente de 0-20 cm, 21-40 cm, 41-60 cm, embora as árvores de maior perímetro se encontrassem na vegetação de terras altas do que na floresta ripícola. A maioria das espécies nas parcelas de estudo seguiu uma distribuição em forma de J invertido com um maior número de indivíduos em classes pequenas. A predominância de árvores de pequeno perímetro nesta vegetação florestal é uma indicação de que as vegetações florestais são jovens. Este facto está de acordo com as conclusões de muitos trabalhadores (Lieberman *et al.*, 1996; Odiwe e Muoghalu, 2001) em florestas secundárias tropicais, segundo as quais existem mais caules nas classes de menor perímetro do que nas classes de maior perímetro. Esta tendência também foi registada nas florestas dos grupos Great Andamann (Padalia *et al.*, 2004). Este facto pode ser o resultado do abate de árvores de classes de perímetro mais elevadas, pelo que a maioria das espécies florestais são espécies de crescimento secundário. Isto é também uma indicação de que os locais de vegetação estão perturbados e se encontram nas suas fases iniciais de sucessão.

Para além disso, a área basal das espécies lenhosas (1,62-2,27 $m^2$ $ha^{-1}$ ) mostra que os sítios foram caracterizados por um crescimento após perturbação. A pequena área basal geral da maioria das espécies e o pequeno tamanho do perímetro são uma evidência de perturbação e degradação tanto na floresta ribeirinha como na vegetação de terras altas adjacente.

### 5.2 Composição das espécies do banco de sementes do solo

Nas investigações do banco de sementes do solo, tanto em regiões temperadas como tropicais, o número de sementes viáveis no solo é estimado pela técnica da emergência de plântulas. Esta técnica fornece uma estimativa da densidade de sementes viáveis no solo com base na germinação de sementes de amostras de solo mantidas em condições favoráveis à germinação. A emergência de espécies herbáceas como *Spigelia sp., Desmodium sp., Eleusine indica, Chromolaena odorata, Oldenlandia corymbosa, Borreria ocymoides, Borreria verticilata* e *Ageratum conyzoides* dos solos recolhidos nas parcelas de estudo nas primeiras semanas em ambas as estações é uma indicação de que as suas sementes têm um revestimento macio. Elas foram capazes de germinar imediatamente quando as condições favoráveis para a germinação estavam reunidas, e estas espécies herbáceas têm um período de dormência curto. Oke (1993) relatou que *Chromolena odorata* e *Euphorbia het erophylla* foram os primeiros conjuntos de plântulas registados na primeira semana a partir de amostras de solo colhidas numa floresta tropical na Nigéria.

As espécies herbáceas registaram o maior número de sementes em comparação com as outras formas de vida a diferentes profundidades e estações, tanto na floresta ripícola como na vegetação de terras altas adjacente. A contribuição das espécies lenhosas foi baixa tanto na floresta ripícola como na vegetação de planalto adjacente; talvez as espécies herbáceas possam produzir bancos de sementes persistentes. Este facto está de acordo com Zheng *et al.* (2004) que observaram que as espécies herbáceas dominavam os bancos de sementes do solo nos seus locais de estudo. Cerca de 78% das sementes no banco de sementes do solo são herbáceas. Também Taye (2006) observou que o banco de sementes do solo da floresta de Harena era dominado por espécies herbáceas, na proporção em que observou que as espécies herbáceas constituíam 89%, as espécies lenhosas 5,7% e as espécies trepadeiras contribuíam apenas com 5,3% e que a maioria das espécies lenhosas não acumulam sementes no solo durante um longo período de tempo. Esta observação pode dever-se a aberturas na copa das árvores dos locais de estudo, o que aumenta a dispersão de sementes destas espécies herbáceas para os locais. Perera (2005) afirmou que as florestas de copa aberta não só apoiam o crescimento de espécies pioneiras e de ervas daninhas agrícolas, que possuem sementes leves, mas também facilitam o movimento do ar e, por conseguinte, a dispersão eficiente de sementes dispersas pelo vento. Rico-Gray e Garcia-Franco (1992) constataram que as ervas eram as formas de vida mais importantes no banco de sementes do solo da floresta tropical decídua. Oke *et al.* (2006) também observaram que as espécies herbáceas dominavam o banco de sementes de uma floresta secundária baixa na Nigéria. Perera (2005), no seu estudo sobre a diversidade e a dinâmica do banco de sementes do solo em florestas tropicais semidecíduas do Sri-Lanka, observou que os bancos de sementes superficiais e sub-superficiais do solo de florestas sucessionais mais jovens são dominados por ervas e arbustos de espécies não florestais de colonização precoce (ervas daninhas agrícolas). Hoopen *et al.* (2006) encontraram 76,8% de espécies herbáceas no banco de sementes da floresta de carvalhos montana da Costa Rica.

## 5.3 Vegetação existente e banco de sementes do solo.

Verificou-se uma baixa semelhança na composição de espécies entre a vegetação em pé e o banco de sementes do solo em cada um dos dois tipos de vegetação (floresta de terra firme e ribeirinha), considerando apenas as espécies lenhosas. Em geral, a maioria das espécies registadas na vegetação acima do solo não foi encontrada na flora do banco de sementes. O índice de similaridade de Sorenson entre o banco de sementes e a vegetação em pé foi de 6,27% na floresta ripária e de 7,60% na vegetação de terras altas. Isto está de acordo com Grombone-Guaratini *et al.* (2004) que registaram um índice de similaridade de 5% e 11% na estação húmida e seca, respetivamente. Muitas espécies conspícuas nos dois tipos de vegetação, tais *como Albizia zygia, Anthocleista djalonensis, Holarrhena floribunda, Albizia zygia, Azadirachta indica, Delonix regia, Icacina trichanta, Magaritaria discodeus* estavam ausentes dos bancos de sementes do solo dos locais de estudo, *Mallotus oppositifolia, Harungana madagascariensis e Grewia orientalis* no banco de sementes do solo da floresta ribeirinha e da vegetação de terras altas adjacente pode ser porque a maioria das espécies florestais de copa da floresta não tem sementes viáveis no banco de sementes do solo ou porque as sementes viáveis das espécies de copa não satisfazem os seus requisitos de germinação em condições de estufa. Por outras palavras, a presença de poucas espécies lenhosas no banco de sementes pode dever-se à baixa disponibilidade de diásporas. Warr *et al.* (1994) e Oke *et al.* (2006) também efectuaram estudos sobre o restauro florestal através de diásporos armazenados no solo, tendo sido referido que a disponibilidade de diásporos tem uma função importante no restauro florestal.

Esta observação está de acordo com Taye (2006) que observou que as espécies de plantas lenhosas que preenchem lacunas não conseguiram germinar a partir de bancos de sementes na floresta de Harena. Outras espécies lenhosas podem ter a capacidade de armazenar as suas sementes no solo durante vários anos, mas não conseguem germinar num curto período de ensaio de germinação em estufa. Ten Hoopen e Kappelle (2006) relataram que as árvores de carvalho da Costa Rica Montane representavam 0,3% de todas as plântulas no banco de sementes do solo. No presente estudo, a contribuição percentual das espécies lenhosas para a densidade do banco de sementes variou de 0,82% a 23,6%. Esta observação também está de acordo com William-Linera (1993), que relatou que a contribuição das sementes de árvores para o banco de sementes foi de 5,6%, 7,7% e 23,6% em três dos quatro sítios que estudou. Outros factores que podem ser responsáveis pela presença de poucas espécies lenhosas no banco de sementes do solo da vegetação ribeirinha e de terras altas estudada são a utilização do solo através de várias práticas, incluindo a utilização de frutos como forragem, o abate excessivo de árvores, a predação, a patogenicidade, a asfixia das sementes e os incêndios florestais utilizados na limpeza de terrenos para a agricultura itinerante. Pode também dever-se ao grau de perturbação e fragmentação que ocorre na floresta.

Outros trabalhadores como Sandrine *et al.* (2006), Chadeiftou *et al.* (2008), Uasuf Augusto (2009), Mohammed *et al.* (2008) também estabeleceram uma baixa semelhança entre o banco de sementes e a vegetação em pé. O tempo de amostragem do solo é muito importante para estabelecer a semelhança entre o banco de sementes e a vegetação em pé, dada a variação anual na composição florística do banco de sementes (Kellerman 2004). É possível que muitas sementes viáveis do solo não tenham conseguido germinar devido a mecanismos de dormência inerentes às condições fornecidas, o que fez com que a densidade de sementes do solo e a riqueza de espécies tenham sido subestimadas após seis meses de germinação em estufa.

Muito poucas das espécies totais que emergiram como plântulas no banco de sementes estavam representadas na vegetação em pé. Do mesmo modo, Oke *et al.* (2006) registaram uma grande discrepância entre o banco de sementes do solo e a vegetação em pé. Este fenómeno reflecte-se no presente estudo e pode ser atribuído ao facto de apenas algumas espécies serem capazes de competir com as espécies dominantes no banco de sementes e é possível que os requisitos de germinação destas outras espécies/nativas não tenham sido satisfeitos. Além disso, as formas de vida herbáceas são anuais que lançam as suas sementes para aumentar o stock no banco de sementes do solo.

## 5.4 Densidade do banco de sementes na floresta ripária e na vegetação de terras altas adjacente.

O banco de sementes do solo da floresta ripária e da vegetação de terras altas adjacente apresentou uma quantidade bastante considerável de sementes viáveis enterradas pertencentes a várias espécies e variando em número de sementes. Cheke *et al.* (1979) relataram que tem havido variação nas densidades do banco de sementes e na composição das espécies, variando de duas (2) ou nove (9) espécies numa área de 6m$^2$ numa floresta de Montana inferior na Tailândia a mais de 100 sementes/m$^2$ e 79 espécies numa área de 3m$^2$ numa floresta de terras baixas sempre verdes em Queensland na Austrália (Hopkins e Graham, 1983). A densidade média do banco de sementes destes locais de estudo variou entre 70-728 sementes/m$^2$ e foi inferior aos valores registados em algumas outras florestas do mundo. Bossuyt *et al.* (2002) registaram uma densidade de sementes de 12.426 sementes/m$^2$ e Demel Teketay e Gransterom (1995) registaram 12.300 sementes/m$^2$ no seu estudo de uma floresta afro-montana na Etiópia. No entanto, a densidade registada neste estudo está mais próxima da registada por Mohammed e Hussein (2008) para a Reserva Florestal Natural de Elain no Sudão (1052,6 sementes/m$^2$ ), Ten hoopen e Kappelle (2006) para a floresta de carvalhos montana da Costa Rica 490,8 -1

270,5 sementes/m$^2$ e a de Taye (2006) para as clareiras da floresta de Harena na Etiópia, que registou 762

sementes/m$^2$ e a copa da floresta (377 sementes/m$^2$ ). A menor densidade de sementes obtida neste estudo

pode ser atribuída aos modos de produção de sementes e à sua dispersão (Grombone-Guaratini, 2004). Isto

pode dever-se às diferentes perturbações sob a forma de actividades humanas, como a agricultura de corte e

queima na vegetação de terras altas e as inundações na floresta ribeirinha. Taye (2006) referiu que a baixa

densidade de sementes da floresta de Harena na Etiópia pode dever-se a factores como a heterogeneidade

temporal e espacial dos bancos de sementes do solo, o que também se pode aplicar à floresta de terra firme e

à floresta ribeirinha.

## 5.5 Dinâmica sazonal do banco de sementes do solo.

O banco de sementes do solo apresenta flutuações sazonais e anuais (Gross, 1990; Dalling *et al.*, 1997,

1998), bem como variações na composição e abundância de espécies (Thompson, 1992) dentro e entre tipos

de comunidades (Turner e Franz, 1986). A mesma observação foi registada no presente estudo. A densidade

total de sementes registada na Mata Ciliar variou entre 468-2508 sementes/m$^2$ na recolha de solo na estação

seca e 564-2700 sementes/m$^2$ na estação das chuvas. A densidade do banco de sementes foi maior na estação

chuvosa (2700 sementes/m$^2$ ) do que na estação seca (2508 sementes/m$^2$ ). Esse resultado foi semelhante ao

relatado por Grombone-Guaratini e Rodrigues (2004), que constataram que a densidade de sementes durante

a estação seca foi menor do que na estação chuvosa em uma floresta estacional semidecidual. Os bancos de

sementes podem apresentar maior densidade e diversidade em áreas com condições hidrológicas variáveis (van

der Valk e Davis, 1978; Pederson, 1981; La Peyre *et al.*, 2005) e heterogeneidade de substrato, como as

encontradas no corredor ripário (Schneider e Sharitz 1986, Leck e Simpson, 1987; Kirkman e Sharitz, 1994;

Harmon e Franklin, 1995; Vivian-Smith 1997). Isto pode ser responsável pela elevada densidade do banco de

sementes do solo da floresta ribeirinha avaliada neste estudo na recolha de solo na estação das chuvas. Este

facto está de acordo com Abernethy e

Willby (1999) que, nos seus estudos, encontrou uma tendência semelhante em sistemas de planícies aluviais

fluviais do norte da Europa, onde os sítios mais intensamente perturbados suportavam bancos de sementes

numericamente grandes e ricos em espécies, enquanto os sítios menos perturbados tinham bancos de

propágulos mais pequenos e pobres em espécies. Além disso, Baker (2002) também referiu que todos os ecossistemas ribeirinhos dependem de perturbações, principalmente inundações, para regenerar algumas das suas comunidades vegetais. A maioria das espécies de plantas ripícolas e de zonas húmidas com bancos de sementes persistentes no solo tendem a germinar em condições de alagamento após a recessão das águas das cheias (van der Valk, 1981; Baskin e Baskin, 1998; Boedeltje *et al.*, 2002, Crossle e Brock, 2002). Pelo contrário, a densidade de sementes da vegetação de terras altas na recolha de solo da estação seca (2922 sementes/m$^2$ ) foi superior à da estação das chuvas (1644 sementes/m$^2$ ). Isso está de acordo com Grombone-Guaratini *et al.* (2004), que relataram que a densidade de sementes na estação seca foi maior do que a da estação chuvosa no banco de sementes de uma floresta de galeria no Sudeste do Brasil. O aumento da densidade de plântulas durante a coleta de solo na estação seca em vegetação de terra firme pode ser porque a maioria das sementes do banco de sementes do solo encontrou condições ambientais favoráveis para potencializar sua germinação nesse período, pois o clima favorável é um fator crítico que determina o destino das sementes armazenadas no banco de sementes, se germinam ou permanecem dormentes.

Vários trabalhadores referiram a dinâmica sazonal do banco de sementes do solo. Oke *et al.* (2007), no seu estudo sobre o banco de sementes do solo em quatro plantações contrastantes na zona de Ile-Ife, no sudoeste da Nigéria, observaram uma densidade de sementes entre 967 e 6 075 sementes/m$^2$ na estação seca, enquanto a da estação das chuvas variava entre 1 934 e 6 088 sementes/m$^2$ . Coffin e Lauenroth (1989), nos seus estudos sobre a variação espacial e temporal do banco de sementes de um prado semi-árido, concluíram que a sazonalidade era um fator mais importante na dinâmica do banco de sementes do que as diferenças de local. Eles observaram uma diferença significativa no número de plântulas entre datas e também uma diferença de 2.626 plântulas/m$^2$ entre setembro e novembro de 1984 e sazonalmente dentro dos anos. A variação observada nas reservas de sementes nos dois períodos amostrados, embora não seja notável, pode dever-se às diferenças na fisionomia da vegetação das florestas. Pode também ser um reflexo dos modos anuais e sazonais de produção, deposição e armazenamento de sementes no solo (Dalling *et al.*, 1997; 1998; Butler e Chadzon, 1998; Dupuy e Chadzon 1998). Mohammed *et al.* (2008) observaram uma densidade máxima de sementes (1052,6 sementes/m$^2$ ) após a precipitação nos seus estudos sobre a variação temporal e espacial do banco de sementes do solo na reserva florestal natural de Elain, no Sudão.

## 5.6    Banco de sementes do solo e profundidades do solo

Houve variação na densidade do banco de sementes em relação à profundidade nos dois tipos de vegetação em ambas as estações. Neste estudo, a densidade de sementes diminuiu com o aumento da profundidade. Isso implica que a densidade de sementes se relaciona inversamente com a profundidade do solo. A germinação e a emergência das sementes são influenciadas pela posição das sementes no perfil do banco do solo. A distribuição vertical das sementes no perfil do solo é muito heterogénea (Traba *et al.*, 2004). Foi documentada uma diminuição do banco de sementes do solo relacionada com a profundidade (Roberts, 1981; Russiet *et al.*, 1992; Li Ning *et al.*,2007). A influência da profundidade do solo no crescimento das plantas foi observada por Watt e Whalley (1982) e Benvenuti *et al.* (2001), que afirmaram que a profundidade não parece ter muito ou nenhum efeito na germinação das sementes, mas, não surpreendentemente, a profundidade desempenha um papel na emergência das plântulas. Os resultados deste estudo mostraram que a taxa de emergência de plântulas foi maior a 0-15 cm de profundidade do que a 15-30 cm. Esta observação está de acordo com Holm (1972); Walt e Whalley (1982); Cox e Martin (1984); Malik *et al* (2006); Bossuyt *et al.* (2002); Olano *et al.* (2002). Este padrão pode ser atribuído a alterações históricas na vegetação acima do solo e no regime do banco de sementes (McGraw, 1987), na massa e na forma das sementes (Bekker et al., 1998), bem como ao transporte vertical de sementes por minhocas, roedores e formigas (Willems e Huijsmans, 1994) e, provavelmente, a diferenças no declive da paisagem e nas condições edáficas locais do local onde as sementes aterram durante a dispersão. A incapacidade de emergir de camadas profundas também pode ter sido causada por dormência, mesmo quando as sementes foram trazidas à superfície. A capacidade de emergir de camadas profundas tem sido relacionada com o tamanho das sementes (Grundy *et al.*, 2003). As sementes pequenas tendem a ser dispersas mais profundamente no solo do que as sementes maiores, que são mais abundantes nas camadas superiores do solo e nos detritos da superfície do solo. Assim, as sementes pequenas têm menos probabilidades de emergir se germinarem de camadas profundas do que as sementes grandes, uma vez que as amostras de solo para este estudo foram colhidas a 0 - 15 cm e 15-30 cm. A profundidade a que as sementes são distribuídas no solo pode ter várias implicações para o sucesso da regeneração de uma planta (Holmes e Moll, 1990; Teketay e Anders, 1995). A germinação efectiva das sementes pode ser dificultada devido a um grande número de sementes pequenas que estão profundamente enterradas e não dispõem dos recursos necessários para atingir a superfície do solo, onde as condições ambientais são mais favoráveis

(Harper, 1977; Gross, 1990).

## 5.7 Banco de sementes do solo, fisionomia da vegetação e propriedades do solo

As características físicas e químicas do solo são influenciadas pela gestão florestal. Ao promover a agregação, a matéria orgânica do solo afecta a erodibilidade (Wischmeier e Mannering, 1969), a infiltração (McCalla, 1942), a retenção de água e a resistência ao cisalhamento do solo (Yee *et al.*, 1977). Os resultados deste estudo revelaram que a floresta ribeirinha é mais rica em solos argilosos e siltosos do que a vegetação de terras altas. Os solos mais argilosos tendem geralmente a conter níveis mais elevados de matéria orgânica, principalmente devido à tendência das argilas para abrandar a degradação microbiana da matéria orgânica, uma vez que as argilas formam complexos argilo-húmicos com a matéria orgânica. Este facto pode ser responsável pelo aumento da matéria orgânica na floresta ribeirinha em estudo. Além disso, os solos mal drenados acumulam normalmente níveis mais elevados de matéria orgânica do que os solos bem drenados devido a um arejamento deficiente que provoca uma diminuição das concentrações de oxigénio no solo.

Esta observação está de acordo com Brady e Weil (1999), que referem que os solos com elevado teor de argila e silte são geralmente mais ricos em matéria orgânica do que os solos arenosos. Além disso, os caudais pluviais podem ter criado uma acumulação periódica de matéria orgânica e nutrientes provenientes das zonas altas. Durante os fortes caudais de tempestade, o canal do ribeiro é alterado e surgem novas áreas de colonização ao longo do canal do ribeiro. As espécies que podem rapidamente colonizar ou restabelecer-se nestas novas áreas disponíveis podem dominar as zonas ribeirinhas. Os materiais orgânicos também podem ter origem na produção no local ou acumular-se em depósitos de fontes externas.

A textura do solo é frequentemente uma força motriz nos processos biogeoquímicos nas florestas devido à sua influência na capacidade de retenção de água, no arejamento e na retenção de matéria orgânica. Os resultados deste estudo revelaram que o carbono orgânico e o azoto total eram mais elevados na floresta ribeirinha do que na vegetação de terras altas. Este facto está de acordo com vários estudos que mostraram que os níveis de matéria orgânica e de nutrientes do solo são mais elevados no segmento de declive inferior da topografia (Furley, 1974; Enoki *et al.*,1996; Abrams *et al.*, 1997; Kravchenko e Bullock, 2000). Os solos nos canais inferiores ou fluviais recebem quantidades consideráveis de sedimentos e detritos orgânicos transportados a montante ou a montante, o que aumenta o seu teor de matéria orgânica e de nutrientes. Resultados semelhantes foram encontrados por Li *et al.* (2003), que referiram que os solos mais húmidos tinham C e N minerais mais elevados, bem como taxas de mineralização do N mais elevadas do que os solos mais secos.

O elevado teor de matéria orgânica, carbono orgânico e azoto total na floresta ribeirinha contribuiu para a elevada diversidade de espécies no banco de sementes desta floresta. Muitos estudos têm sugerido que os nutrientes associados aos sedimentos importados podem aumentar a fertilidade do solo e, assim, promover o aumento da produtividade florestal (Odum, 1979; Brown,1981; Megonigal *et al.*, 1997; Hesse *et al.*, 1998; Day *et al.*, 2006; Effler *et al.*, 2006).

O pH do solo influencia a absorção de nutrientes, a disponibilidade de nutrientes e o crescimento das árvores. Os valores de pH do solo nos extremos (< 4,0 e > 8,5) podem tornar alguns nutrientes tóxicos e outros indisponíveis para as plantas. Em valores de pH mais baixos (< 4,5), o alumínio, o ferro e o manganês estão facilmente disponíveis para a absorção pelas plantas. Em níveis de pH mais elevados (> 5,5), o cálcio e o potássio são demasiado abundantes (Andrew e Roberts, 2002). A maioria das plantas cresce melhor onde o solo é ligeiramente ácido, na gama de pH 5,8 a 7,0, e uma vez que os valores de pH (5,78 - 6,13) obtidos neste estudo se enquadram nesta gama, as plantas que crescem em ambos os tipos de vegetação têm boas condições de crescimento, tal como refletido na fisionomia dos locais.

Uma densidade aparente elevada é um indicador de baixa porosidade e compactação do solo. O solo de ambos os tipos de vegetação apresentava densidades aparentes elevadas. Tal pode também dever-se ao efeito de perturbações variáveis nos sítios, que podem causar perturbações nas propriedades físicas do solo florestal devido à sua compactação. A compactação do solo diminui a porosidade e a capacidade de infiltração e aumenta a densidade aparente e a resistência do solo (Han *et al.*, 2005). As diferenças na densidade aparente podem também ser provavelmente um efeito direto de alterações na textura do solo

A relação entre as condições do solo e a dinâmica do banco de sementes do solo é raramente relatada na literatura. O resultado deste estudo mostrou que o solo dos tipos de vegetação tem um pH baixo, isto é, ligeiramente ácido e orgânico. Isto está de acordo com Onyekwelu *et al.* (2007), que relataram um solo ligeiramente ácido para dois ecossistemas florestais naturais em florestas tropicais húmidas de baixa altitude na Nigéria. A concentração de catiões permutáveis diminuiu com o aumento da profundidade e não foi significativamente diferente nos dois tipos de vegetação. Isto está de acordo com Onyekwelu *et al.* (2007), que não registaram diferenças significativas nos catiões permutáveis de uma floresta tropical húmida de terras baixas. Existe uma correlação definitiva entre o pH do solo e a saturação de bases (Brady, 1974), pelo que a capacidade de troca (CEC) - a capacidade do solo para reter e trocar nutrientes das plantas - é menor quando o pH do solo é elevado. A perda de catiões de base pode ocorrer através da absorção pelas plantas, da perda por drenagem ou da adição de iões de hidrogénio em ácidos orgânicos de folhagem morta e viva (Bloomfield, 1954), resultando na redução do pH do solo, que são características destes tipos de vegetação. Os resultados deste estudo revelaram que ambos os tipos de vegetação registaram poucas variações nas propriedades físicas e químicas dos seus solos. Este facto está de acordo com Onyekwelu *et al.* (2007) que não observaram qualquer diferença discernível nas propriedades do solo de uma floresta degradada e primária.

## 5.8    CONCLUSÃO E RECOMENDAÇÃO

As investigações sobre a composição florística e a estrutura das florestas são essenciais para fornecer informações sobre a riqueza de espécies das plantas e as alterações a que estão sujeitas, que podem ser potencialmente úteis para efeitos de gestão e ajudar a compreender a ecologia das florestas e as funções dos ecossistemas. Os resultados obtidos neste estudo mostraram que a composição florística da floresta ribeirinha é diferente da da vegetação adjacente das terras altas.

Em geral, a função do banco de sementes é manter a continuidade genética e a diversidade ao nível das espécies e manter a diversidade de espécies ao nível da comunidade. Embora se esperasse que o banco de sementes do solo tivesse o potencial de regenerar espécies vegetais de estádios sucessionais anteriores, este estudo revelou que o banco de sementes do solo de ambos os tipos de vegetação era dominado por espécies herbáceas. A maioria das espécies lenhosas presentes na vegetação em pé estava ausente no banco de sementes do solo. Verificou-se uma baixa semelhança entre o banco de sementes e a vegetação acima do solo da floresta ribeirinha e a vegetação de terras altas adjacente da presente área de estudo, o que sugere que o banco de sementes do solo é insignificante na recuperação da floresta ribeirinha degradada e da vegetação de terras altas. Por conseguinte, devem ser introduzidas medidas de restauração para auxiliar o processo de regeneração natural, tais como a plantação de enriquecimento através de plântulas directas, a plantação de plântulas e a gestão dos sítios para melhorar os factores relacionados com o sítio para o estabelecimento, a sobrevivência e o crescimento das plântulas.

# REFERÊNCIAS


Abrams, M.M., Jacobson, P.J., Jacobson, K.M. and Seely, M.K. (1997).Survey of soilchemical properties across a landscape in the Namib Desert.*Journal of Arid Environments.***35**, 29-38.

Allison, L.E. (1965). *Matéria orgânica* In: Black C.A.(ed.) Methods of soil analysis part 2.Chemical andMicrobiological properties. Sociedade Americana de Agronomia, Madison, Wisconsin. Pp. 13671378.

Andrew, J. Londo e Robert, C. Carter. (2002). PH do solo e aptidão das espécies no Mississipi.

Serviço de Extensão da Universidade Estadual do Mississippi, Publicação 2311.

Baker, H. G. (1989). Alguns aspectos da história natural dos bancos de sementes. Em Leck, M. A., Parker, V.T. e Simpson,R. L. Ecology of soil seed banks. Academic Press, Inc.

Baker, T.T. (2002). O que é uma área ripária? Departamento de Recursos Animais do Serviço de Extensão Cooperativa da Universidade Estadual do Novo México. Las Cruces, NM. Disponível em: http://cahe.nmsu.edu/riparian/WHTRIPAREA

Baskin, J.M. e C.C. Baskin.(1989).Fisiologia da dormência e germinação em relação à ecologia do banco de sementes. *In:* Leck, M.A., V.T. Parker, e R.L. Simpson (eds.). 1989.*Ecology of Soil SeedBanks.* Academic Press, Inc., San Diego, Ca. pp. 53-66.

Baskin, J.M.; Baskin, C.C. (1992).Papel da temperatura e da luz na ecologia da germinação de sementes enterradas de espécies daninhas de florestas perturbadas. *Canadian Journal of Botany,* Ottawa, v.**70**:p.589- 592.

Baskin, C. C e Baskin J.M. (1998).Seeds, Ecology, Biogeography and evolution of dormancy and germination. Imprensa académica, San Diego, Califórnia.

Baskin, C.C e J.M Baskin (2001). Seeds: Academic Press, San Diego, CA.

Bazzaz,F.A. (1998). Plants in Changing Environments.Linking Physiological, Population, and Community Ecology. Cambridge, Reino Unido: Cambridge University Press.

Bekker, R.M., Bakker, J.P., Grandin, U., Kalamees, R., Milberg, P., Poschlod, P. (1998). Tamanho, Forma e Distribuição Vertical das Sementes no Solo: Indicadores da Longevidade das Sementes.*Funct. Ecol.,* **12**: 834-842.

Benvenuti, S., M. Macchia e S. Miele.(2001). Análise qualitativa da emergência de plântulas de sementes de ervas daninhas enterradas com o aumento da profundidade do solo.*Weed Sci.,* **49**: 528-535.

Bilby, Robert E. (1988). Interacções entre Sistemas Aquáticos e Terrestres. p. 13-29. Em Raedeke, Kenneth J. (ed.) Streamside Management: Riparian Wildlife and Forestry Interactions. Universidade de Washington. Faculdade de Recursos Florestais. Contribuição Número 59.

Bloomfield, C. 1953. A study of podzolization. B. Mobilização de ferro e alumínio por folhas e casca de kauri, *Journal of Soil Science* 4:17-23.

Boedeltje, G., Heerdt,G.N.J. and Bakker, J.P. (2002) Applying the seedling-emergence methodunder waterlogged conditions to detect the seed bank of aquatic plants in submerged sediments.*Aquatic Botany,* **72**:121-128.

Bossuyt, B., Heyn, M., Hermy, M. (2002). Banco de sementes e composição da vegetação de povoamentos florestais de idade variável na Bélgica Central: consequências para a regeneração da vegetação florestal antiga. *Plant Ecol.* **162**, 33-48.

Bossuyt, B. e Honnay, O. (2008). Pode o banco de sementes ser utilizado para a restauração ecológica? Uma visão geral das características do banco de sementes nas comunidades europeias. *J. Veg. Sci.,* **19**:

875- 884.

Bouyoucos, G.J. (1961). Métodos de hidrómetro melhorados para fazer a análise granulométrica do solo. *Revista Agronómica* 54:464-469.

Brady, N. C. (1974). The Nature and Properties of Soils, Macmillan, Londres.

Brady, N.C. e R.R. Weil. (1999). The Nature and Properties of Soils, 12th Edition. Upper Saddle River, NJ: Prentice-Hall, Inc. 881p.

Brinson, M.M. (1990). Florestas ripárias em A.E. Lugo. M.M. Brinson,e S.Brown,eds.

Forestedwetlands.ElsevierScientificPublishers.Amsterdam. Páginas 87-141

British Columbia Ministry of Forest e B.C Ministry of Environment, Lands and Parks (1995).Biodiversity guidebook .B.C Forest PracticeCode.Victoria,B.C

Colúmbia Britânica. Ministério das Florestas. Secção de Práticas Florestais (2002). Assessing upland and riparian areas. For.Prac. Br., B.C. Min. For., Victoria, B.C. Rangeland Health Brochure 1

Brown,A.H.F., and Oosterhuis, L. (1981).The role of buried seed in coppice woods. *Biol. Conserv.* 21: 19-38.

Brown, S. (1981). Uma comparação da estrutura, produtividade primária e transpiração de ecossistemas de ciprestes na Flórida.*Ecol. Monogr.* 51:403-427.

Butler, B. J., and Chazdon, R. L.(1998).Species Richness, Spatial Variation and Abundance of the Soil Seed Bank of a Secondary Tropical Rain Forest.*Biotropica*, 30(2): 214- 222.

Cartron, J-L.E., S.H. Stoleson, P.L.L. Stoleson e D.W. Shaw.(2000). Riparian areas. In: Jemison, R. e C. Raish (eds.), Livestock Management in the American Southwest: Ecology, Society and Economics. Elsevier Science. Amesterdão, Países Baixos. pp. 281-328.

ChadieftouEvgenia, Costas A. Thanos, Erwin B., Athanasios K., Panayotis D. (2009). Composição do banco de sementes e vegetação acima do solo em resposta ao pastoreio em florestas de carvalhos sub-mediterrânicos (NW Grécia) *Ecology.*201: 255- 265.

Chadzon, R. L. (2003). Recuperação de florestas tropicais: legados do impacto humano e distúrbios naturais. *Persp. Plant Ecol. Evol. Syst.* 6: 51-71

Chambers, J. C e J.A Mcmahon(1994). A day in the life of a seed; movements and fate of seeds and their implications for natural and managed systems *Ann. Rev. EcolSyste.*, 25:263-292.

Champness, S. S., e Morris K. (1948). The population of buried viable seeds in relation to contrasting pasture and soil types. *J. Ecol.*36: 149-173.

Chandrashekara, U. M., e P. S. Ramakrishnan. (1993). Dinâmica do banco de sementes germináveis do solo durante a fase de lacuna de uma floresta tropical húmida nos Ghats ocidentais de Keralla, Índia. *Journal of Tropical Ecology*, 9: 455-467.

Charter, J.R. (1969).Map of Ecological Zones of Nigerian Vegetation.Federal Department of Forestry, Ibadan, Nigéria.

Cheke, A.S., Nanakorn, W e Yankoses, C. (1979). Dormência e dispersão de sementes de espécies florestais secundárias sob a copa de uma floresta tropical primária no norte da Tailândia. *Biotropica* 11 (2): 8895.

Childs, S. e D. W. Goodall. (1973). Seed Reserves of Desert Soils.US/IBP DesertBiome ResearchMemorandum. Universidade Estadual de Utah, Logan 23 pp73-75.

Chukwuka, K.S., and Isichei,A.O. (1997).Floristics and structure of the remnant forests of the Obafemi

Awolowo University Campus, Ile-Ife, Nigeria and this potential forconservation.*Nigeria Journal of Botany* **10**: 80-93

Clark, J.S., Beckage, B., Camill, P., Cleveland, B., HilleRisLambers, J., Lichter, J.McLachlan,Mohan, J. e Wyckoff, P.(1999).Interpreting recruitment limitation inforests.*American Journal of Botany* **86**: 1-16.

Coffin, D.P., Lauenroth,W.K. (1989). Variação espacial e temporal no banco de sementes de uma pastagem semiárida. *Am. J. of Botany* **76**: 53-58.

Connell, J.H.(1989). Some processes affecting the species composition in forest gaps", *Ecology*, vol. **70**: pp. 560-562.

Cook, R. (1980). A biologia das sementes no solo. In: Solbrig, O.T. (Ed.). Demografia e evolução em populações de plantas. Botanical Monographs, Berkeley, v.15, p.107-129.

Correll, D.L. (1997). Zonas tampão e proteção da qualidade da água: Princípios gerais. In: Hancock, N.E. et al. (eds.), Buffer zones: Their processes and potential in water protection. Quest Environmental. Hertfordshire, Inglaterra.

Cox, J.R., e M. H. Martin (1984). Efeitos das profundidades de plantio e texturas do solo na emergência de quatro gramíneas do amor. *J. Range Mgmt.,* **37**: 204-205.

Crossle,K. e Brock, M.A. (2002). Como é que o regime hídrico e o recorte influenciam o estabelecimento de plantas em zonas húmidas a partir de bancos de sementes e subsequente reprodução? *Botânica Aquática*, **74**: 43-56

Dalling, J. W., e J. S. Denslow.(1998). Composição do banco de sementes do solo ao longo de uma cronosequência florestal em floresta tropical sazonalmente húmida, Panamá.*J. Veg. Sci.* **9**: 669-678.

Dalling, J.S e Hubbell, S.P. (2002). O tamanho da semente, a taxa de crescimento e as condições do microsítio como factores determinantes do sucesso do recrutamento de espécies pioneiras. *Journal of Ecology* **90**: 557-568.

Day, e B. Marx. (2006). Effects of long-term municipal effluent discharge on the nutrient dynamics, productivity, and benthic community structure of a tidal freshwater forested wetland in Louisiana. Ecol. Eng. 27:242-257.Environ. *Manage.* **22**:119-127.

Decamps, H. (1996).A renovação das florestas de várzea ao longo dos rios: uma perspetiva paisagística.EdgardoBaldi MemorialLecture. *Verh.Int.Verein.Limnol.,Stuttgart,* **26**: 35-59.

Decocq,G.M.,Aubert, F.,Dupont,D.R.,Wattez-Franger A. (2004). Diversidade de plantas numa floresta decídua temperada gerida: resposta sob os andares a dois sistemas silvícolas. *J. Appl. Ecol.*41:1065- 1079.

Demel-Teketay e Gransterom, A. (1995). Bancos de sementes do solo em Afro MontaneForest seco da Etiópia. *Jornal de ciência da vegetação* **6**: 777-786.

Douglas, G. (1965). A flora infestante de pastagens de planície renovadas quimicamente. *J. Br. Grassld. Soc.*20: 91100.

Duncan, R.P. (1993).Perturbação provocada por cheias e coexistência de espécies numa floresta de podocarpos de planície, no sul de Westland, Nova Zelândia. *J. Ecol.*81: 403-416.

Dunster, J. e Dunster, K. (1996), Dictionary of Natural Resource Management, Canada UBE Press.

Dupuy, J. M., e R. L. Chazdon (1998). Efeitos a longo prazo da rebrota da floresta e do corte seletivo no banco de sementes das florestas tropicais na Nova Costa Rica. *Biotropica* **30**: 223-237.

Effler, R.S., R.A. Goyer e G.J. Lenhard (2006). Respostas do cipreste careca e do tupelo de água à desfoliação por insectos e ao aumento de nutrientes no pântano de Maurepas, Louisiana, EUA. *Para. Ecol. Manage.* **236**:295-304.

Egler,F.E. (1954). Conceitos de ciência da vegetação. I. Composição florística inicial. Um fator no desenvolvimento da vegetação de campos antigos. Vegetação **4**:412-217.

Egley, G.H. (1986).Simulação da germinação de sementes de ervas daninhas no solo.Weed Science, Lawrence, v.2,p.67-89.

Eilu,G.eObua, J. (2005). Condição das árvores e regeneração natural em sítios perturbados de Bwindi

Impenetrable Forest National Park, sudoeste do Uganda", *Tropical Ecology*, vol. **46**: no. 1, pp. 99-111.

Enoki, T., Kawaguchi,H. e Iwatsubo, G.(1996).Variações topográficas das propriedades do solo e da estrutura do povoamento numa *plantação de Pinusthunbergii*. *Ecological Research*, **11**: 229- 309.

Falconer J. (1992).Non-timber Forest Products in Southern Ghana. ODA Forest series No.2 Forestry Department of the Republic of Ghana: Administração para o Desenvolvimento Ultramarino

F. A. O. (2006). *State of the World's Forests, 2006.* Roma: Alimentação e Agricultura

Fenner, M. (1985).Seed Ecology.Chapman and Hall, Londres, Inglaterra. p. 151

Fenner, M. (1992). A Ecologia da Regeneração na Comunidade Vegetal.UK: *C.A.B.International,* **2**: 11235.

Ferrandis, P., Herranz,J.M. and Martinez-Sanchez, J.J.(1996).The role of soil seed bank in the early stages of plant recovery after fire in a Pinuspinaster forest in SE Spain.*International Journal of WildlandFire* **6***:* 31-35.

Floyd, A. G. (1966). Efeito do fogo sobre as sementes de ervas daninhas nas florestas úmidas de esclerófilas do norte de NewSouth Wales.*Aust. J. Bot.* **14**: 243-256.

Foggie, A. (1960). Regeneração natural na floresta tropical húmida. *Carribean Forester* **21**:73-80.

Freas, P.R.(1989). Bancos de sementes e processos de vegetação em desertos.*InLeckM.* Parker, V.T.;

Simpson, R.L. (Eds) *Ecology of soil seed banks.*San Diego, Academic Press. pp. 257-281.

Freigoun, S. A. B. (2001). Estudo sobre o banco de sementes do solo de Acacia seyal na planície argilosa do Sudão. Tese de Mestrado da Universidade de Gezira, Sudão.

Foth, H. D., e Turk, L. M.(1972).Fundamentals of Soil Science.John Wiley and Sons, Inc., Nova Iorque. New York.

Furley, P.A.(1974), Soil-slope-plant relationships in the northern Maya mountains, Belize, Cenral America. II. A sequência sobre filitos e granitos. *Journal ofBiogeography,* **1**: 263-279.

Gardwood, N.C (1989). Banco de sementes de solos tropicais: Uma revisão. In: Leck, M.A.; pae, V.T. e R. L.Simpson, (Ed). Ecology of Soil Seed Banks. London Academic Press: pp. 149-209.

Gbadegesin, A.(2001). From Degradation to Deforestation; Historical and gender Perspectives on the Use of forest lands in Southwestern Nigeria. Documento de trabalho, Centro de Políticas de Desenvolvimento, Ibadan.

Gbadegesin, A.S. eSadiq, S.E.B. (1995): Grazing and Soil Deterioration in the Sudano-Saharan Zone of Nigeria (Pastoreio e deterioração do solo na zona Sudano-Sahariana da Nigéria). *Revista Internacional de Estudos Ambientais*, Vol. **49**: 23-29.

Gbadegesin, A.S. (1995).SAP e a gestão dos recursos florestais pelas mulheres; um estudo de caso de

Área de Reserva Florestal de Olokemeji, Sudoeste da Nigéria. *Jornal de Ciências Sociais da LASU*, Vol. **3**: 7-20.

Gerhardt, *K.*,Hytteborn,*H.* (1992). Dinâmica natural e métodos de regeneração em florestas tropicais secas - uma introdução. *Journal of Vegetation Science* **3**:361-364.

Geritz, S.A.H., T.J. de Jong e P.G.L. Klinkhamer.(1984).The efficacy of dispersal in relation to safe site area and seed production.*Oecologia* **62**: 219- 221.

Granstrom, A. (1986). Seed Banks in Forest Soils and Their Role in Vegetation Succession After Disturbance [tese de doutoramento]. Umea, Suécia: Universidade Sueca de Ciências Agrícolas.

Greene, C. e Waters, M. (2001). Diversidade e abundância do banco de sementes do solo em áreas agrícolas e florestais amostradas no domínio da Universidade do Sul. Disponível em: http://www.sewanee.edu/biology/journal

Gregory, S.V; F.J. Swanso; W.A. McKee e K.W. Cummins (1991). Uma perspetiva ecossistémica das zonas ribeirinhas. *BioScience* **41**:540-551.

Grenfell, W.E.(1988). Montane Riparian *in* a guide to Wildlife Habitats of California.California Department of Forestry and Fire Protection.166 pp.

Grime, J.P. (1989).Bancos de sementes numa perspetiva ecológica. In: Leck, M.A.; Parker, V.T.; Simpson, R.L. (Ed.). Ecology of soil seed banks. London: Academic Press, p.15-22

Grime, J.P., Hillier, S.H. (1992). A contribuição das plântulas para a estrutura e dinâmica das comunidades de plantas em unidades maiores de paisagem. In: Fenner M, editor. The Ecology of Regeneration in Plant Communities. Wallingford, Reino Unido: CAB International, pp349-364

Grombone-Guaratini, M. T., e Rodrigues, R. R. (2002). Banco de sementes e chuva de sementes em uma floresta estacional semidecidual no sudeste do Brasil. *J.Trop. Ecol.* **18**: 759-774.

Grombone-Guaratine, M. T.,Leitao-Filho, H. F. Kageyama, P. Y. (2004). O banco de sementes de uma floresta de galeria no sudeste do Brasil. *Arquivos Brasileiros de Biologia e Tecnologia*, **47**: 793- 797.

Gross, K.L. (1990). Uma comparação de métodos para estimar o número de sementes no solo. *J Ecol.***78**(4):1079-1093

Grundy, A.C., Mead, A. e Burston, S. (1999). Modelação do efeito do cultivo no movimento das sementes com aplicação à previsão da emergência de plântulas de ervas daninhas. *Journal of Applied Ecology* **36**:663-678.

Grundy, A.C., Mead, A. e Burston, S. (2003). Modelação da resposta da emergência de sementes de ervas daninhas à profundidade de enterramento: interacções com a densidade, peso e forma das sementes. *Journal of Applied Ecology* **40**:757-770.

Guevera, S. and Gomez-Pompa, A. (1972).Seeds from surface soils in a tropical region of Veracruz, Mexico.*Journal of the Arnold Arboretum* **53**:312-335.

Guo, Q; RundelP.W., GoodallD.W. (1998). Distribuição horizontal e vertical dos bancos de sementes do deserto: padrões, causas e implicações. *J. of Arid Environ.* **38**: 465-478.

Hall, J.B.(1970). Campus Trees.Ife, Herbarium information sheet 2.

Hall,J.B. e OkaliD.U.U.(1979). A structural and floristic analysis of woody fallow vegetation Ibadan, *Nigeria. Journal of Ecology*, **67**:321-346.

Hall, J.B. e M.D. Swaine (1980). Reservas de sementes em solos florestais do Gana.*Biotropica* **12**:256-263.

Han, H., Dumroese, D., Han, S., Tirocke, J. (2005).Efeito da estilha, das passagens da máquina e da humidade do solo na resistência do solo num corte em comprimento. 28ª Reunião Anual do COFE (Conselho de Engenharia Florestal). Gestão do solo, da água e da madeira: Soluções de engenharia florestal em resposta à regulamentação florestal. julho de 2005, Califórnia, EUA.

Harmon, J. M. e Franklin, J. F. (1995). Seed rain and seed bank of third- and fifth-order streams on the western slope of theCascade Range, U.S. Department of Agriculture, Forest Service, Pacific Northwest Research Station Portland, or, USA.PNW-RP- 480.

Harper, J. L. (1977).Population Biology of Plants.Academic Press.

Harper, J.L. (1983).Population Biology of plants.Academic Press. Academic Press. Londres. Pp.892

Harris, R.R. (1987). Ocorrência de vegetação em superfícies geomórficas na planície de inundação ativa de um

Córrego aluvial da Califórnia.*American Midland Naturalist* **118**:393AO5.

Hartshorn, G.S. (1980). Dinâmica de florestas neotropicais.*Biotropica*, **12**:23-30.

Hesse, I.D., J.W. Day, Jr., e T.W. Doyle (1998). Long-term growth enhancementof bald cypress (*Taxodiumdistichum*) from municipal wastewaterapplication Day, J.W., Jr., A. Westphal, R. Pratt, E. Hyfield, J.M. Rybczyk, G.P. Kemp, J.N.

Hilhorst, H.W.M.,Karssem, C.V(1990). O papel da luz e do nitrato na germinação de sementes. In: Taylorson, R.B. (Ed.). Recent advances in the development and germination ofseed. New York: Plenum Press, p.191-206.

Hodges, J. D. (1998). Planícies de inundação aluviais menores.*In:* Messina, M. G.; Conner, W. H. *ed.* Zonas húmidas florestais do sul. Ecologia e gestão. Boca Raton, Lewis Publishers. Pp.325-341.

Holland, V.L. e D.J. Keil (1995). California Vegetation. Kendall/Hunt Publishing Company, Dubuque, Iowa. Pp.516

Holm, R.H. (1972). Metabolitos voláteis que controlam a germinação em sementes de ervas daninhas enterradas. *Plants Physiol.* **50**: 293-297.

Holmes, C.H. (1954). Germinação de sementes e estudos de plântulas de árvores de madeira do Ceilão. *Ceylon Forester* **1**: 3-51.

Holmes, P. M. e E. J. Moll (1990). Efeito da profundidade e da duração do enterramento em sementes de *Acacia saligna* e *Acacia cyclops* alóctones. *Afr. J. Ecol* **1**:12-17

Holzel, N. e Otte, A. (2004).Avaliando a persistência do banco de sementes do solo em prados inundados: The Search for Reliable Traits.*J.Veg. Sci.*, **15**: 93- 100.

Hopkins, M.S. e Graham A.W. (1983). The species composition of soil seed banksbeneath lowland tropical rain forests in North Queensland, *AustraliaBiotropica* **15**: 90-99.

Howard, T. M. (1974). Estágios botânicos de Nothofaguscunninghamzi. Sementes viáveis enterradas no noroeste da Tasmânia. *Proc. R. Soc. Victoria* **86**: 137-142.

Hutchings, M.J., Booth K.D. (1996). Studies on the feasibility of re-creating chalk grassland vegetation on ex-arable land I. The potential roles of the seed bank and the seed rain. *Journal of Applied Ecology*.**33**:1171-1181.

Hutchinson, J e Dalziel, J. M. (1954).*Flora da África Tropical Ocidental* **1**(1): 34-54. White Fnars Press, Londres. Revisto por Crown Agents, Londres.

Hyatt, L.A. (1999). Differences between seed bank composition and field recruitment in atemperate zone deciduousforest. *American Midland Naturalist.***142**(1): 31-38.

Hyatt, L.A. e Casper, B.B.(2000). Seed bank formation during early secondary succession in atemperate deciduous forest. *Journal ofEcology* **88**: 516-527.

Ibrahim, S.A e Peter, F.H.(2001).Melhoria do solo.Efeitos de alguns tipos de vegetação na reserva de pastagem de Zamfara no Noroeste da Nigéria. *Nigeria Journal of Basic and Applied Sciences.***11**:125-138.

Isichei, A.O.,Ekeleme.F. eJimoh, B.A. (1986). Mudanças numa floresta secundária no sudoeste da Nigéria após um incêndio no solo. *Jornal de Ecologia Tropical* **2**: 249-256.

Jerry, S. (1992). O papel dos bancos de sementes na dinâmica da vegetação e na restauração de ecossistemas tropicais secos. *Journal of Vegetation Science* **3**:57-360.

Jonasova, M., van Hees, A., Prach, K.(2006). Reabilitação de plantações monótonas de coníferas exóticas: um estudo de caso do estabelecimento espontâneo de diferentes espécies de árvores. *Engenharia Ecológica* **28**: 141-148.

Jones, E. W. (1956). Estudos ecológicos sobre a floresta tropical do sul da Nigéria IV. A floresta de planalto da Reserva Florestal de Okamu. *Journal ofEcology* **44**:83-116.

Kalamees, R., Zobel, M. (2002).O papel do banco de sementes na regeneração de clareiras numa comunidade de prados calcários.*Ecology* **83**: 1017-1025.

Katharina, P., Nigel, B., Laurence, J.M. e Gareh, E.J. (2009). Pode o Banco de Sementes do Solo Contribuir para a Restauração de Slaks de Dunas sob Gestão de Conservação *Appl. Veg.Sci.,* **12**: 199- 210.

Karssen, C.M., Hilhorst, H.W.M.(1993).Efeito do ambiente químico na germinação de sementes. In: Fenner,M. (Ed.).Seed - The Ecology of Regeneration in Plant Communities. Oxon:Cab International. p.327-348

Keay,R.W.J (1959). An Outline of Nigerian Vegetation (3ª ed.), Government Printer, Lagos, Nigéria.

Keay, R. W. J. (1960). Sementes em solos florestais do *Níger. Para. Inf. Bull.* **4**: 1-12.

Keeley,J.E., Keeley S.C. (1987). Papel do fogo na germinação de ervas do chaparral e sufrutescentes.*Madrono* **34**:240-249.

Kellman, M. C. (1974). O teor de sementes de ervas daninhas viáveis de alguns solos agrícolas. *Jornal de* **Ecologia** *Aplicada10*: 683-703.

Kellerman, M. J. S. (2004). Dinâmica do banco de sementes de tipos de vegetação seleccionados em Maputoland, África do Sul. Dissertação de Mestrado Universidade de Pretória, Pretória.

Kent, M. e Coker, P. (1992). Descrição e análise da vegetação: uma abordagem prática. Belhaven press London,363pp.

Kirika,J.M., Bhning-Gaese, K., B. BDumbo, and N. Farwig (2010) .Reduzida abundância de árvores de sucessão tardia, mas não de plântulas, em locais com muito abate em comparação com locais com pouco abate de três florestas tropicais da África Oriental," *Journal of Tropical Ecology,* vol.**26**: no. 5, pp. 533-546.

Kirkman,L.K. and Sharitz,R.R. (1994).Vegetation disturbance and maintenance of diversity in intermittently flooded Carolina bays in South Carolina. *Ecol. Appl.* **4**:177-188.

Kravchenko, A.N. and Bullock, D.G. (2000).Correlation of corn and soybean grain yieldwith topography and soilproperties.*Agronomy Journal,* **92**: 75-83.

Lambert, F.J., M. Bower, R.D.B. Whalley, A.C. Andrews e W.D. Belloti.(1990). The effect of soil moisture and planting depth on emergence and seedling morphology of *astreblalappacea*(Lindil) Domin. *Aust. J. Agric. Res.*, **41**: 367-376.

La Peyre, M. K. G., C. S. Bush Tom, C. Winslow, A. Caldwell, e J. A. Nyman. (2005). Comparação do tamanho e composição do banco de sementes em pântanos marginais, restaurados e represados no sudoeste da Louisiana. Southeastern Naturalist 4:273-86.

Larsen, R.E., Krueger, W.C., George,M.R., Barrington, M.R. (1997).Viewpoint: livestock influences on riparian zones and fish habitat: literature classification. *Journal of Range Management* **51**:661664.

Laskurain, N.A., Escudero, J.M., Olano, J.M. e Loidi, J. (2004). Dinâmica de mudas de arbustos em uma floresta temperada totalmente fechada: maior do que o esperado. *Ecografia.*27: 650-658

Lawton, R.O., Putz, F.E.(1988). Perturbação natural e regeneração em fase de lacuna numa floresta tropical nublada exposta ao vento. *Ecology* **69**:764-777.

Leck, M.A. (1989) Wetland seed banks. In: Ecology of Soil Seed Banks (Eds M.A. Leck, V.T. Parker e

R.L.Simpson), pp. 283-305. Academic Press, San Diego, Ca.

Leck, M. A. e Simpson R. L. (1987). Banco de sementes de uma zona húmida de maré de água doce: rotação e relação com a mudança de vegetação.*American Journal ofBotany* **74**:360-370.

Leinonen, T., Sungurov, R., Kolstrom, T., Sokolov, A., Zigunov, A., Dorosin, A., (2008). Regeneração florestal no Norte e Noroeste da Rússia em 1993-2004 métodos, resultados e necessidades de desenvolvimento. *Forest Ecology and Management* **255**: 383-395.

Lieberman, D. (1979). Dynamics of Forests and Thicket on the Acer Plains, Ghana.Ph.D. Thesis, University of Ghana, Legon, Ghana.

Lieberman, D; Liebarman, M; peralta R. e Hartshorn, G.S. (1996). Estrutura da floresta tropical e

num gradiente altitudinal de grande escala na Costa Rica. *Journal of Ecology* **84**:134-152.

Liew; T. C. (1973). Ocorrência de sementes em solos de floresta virgem com particular referência a espécies secundárias em Sabah. *Malaysian Forester* **36**:185-193.

Li Ning, FengGu e TianChangYan (2007). Características e dinâmica do banco de sementes do solo no extremo norte do deserto de Taklimakan. *Sci China Ser D-Earth Science.* vol. **50**:122-127.

Li, Q.C., H.L. Allen, e C.A. Wilson.(2003). Dinâmica da mineralização do azoto após o estabelecimento de uma plantação de pinheiros loblolly.*Can. J. For. Res*.**33**:364-374.

Lopez-marino, A., Luis-calabuig, E., Fillat, F.; Bermudez, F.F. (2000). Composição florística da vegetação estabelecida e do banco de sementes do solo em comunidades de pastagens sob diferentes regimes de gestão tradicional. *Journal of Agricultural Ecosystems andEnvironment, Amesterdão,* v.**78**.n.3, p.273-282.

Mabawonku,A.O e Gbadegesin .A (1995). Poverty, Institutions and Natural ResourceManagement. A Review of Conceptual Models and Empirical Evidence from Selected Forest Area in Southwestern Nigeria, Research Report No. 42, Development Policy Centre, Ibadan

Maini, J.S. (1990). Forest: Barometers of Environment and Economy, Oxford University Press, Londres.

Malason,G.P. (1993) Riparian landscapes. Cambridge studies in ecology. Cambridge University Press.

Malik, S. A., Khan S., Dasti A. A., Akram, M., Saima, S. (2006). Efeito das profundidades de plantação na emergência e morfologia das plântulas de Zeamays L. profundidades de plantação na germinação de sementes e crescimento de plântulas de algumas plantas cultivadas. Tese de Mestrado, Departamento de Botânica da Universidade Bahauddin-Zakariya, Mult.

Malik,A. S, Uxmal Younis, A. A Dasti, M. Akram e ShehzadiSaima (2007). Efeito das profundidades de plantação na emergência e morfologia das plântulas de *Praecitriulusfistulosus* (stocks) Pangalo e *Pennisetumtyphoides* (Burm.F) Stapf. Pak.J. Pl. Sick, 13(1): 5-11.

Manci, Karen M. (1989) Riparian Ecosystem Creation and Restoration: A Literature Summary.Biol.Rep. (20) Fish and Wildlife Serv., U.S. Department of the Interior. Washington D.C.

Mariga.I.K e R.LMolatudi. (2009). O Efeito do Tamanho da Semente de Milho e Profundidade de Plantio na Emergência de Mudas e Vigor de Mudas.*Journal of AppliedSciences Research,*5(12): 2234-2237.

Marks, P.L., Mohler, C.L. (1985). Sucessão após eliminação de sementes enterradas de um campo recentemente arado. *Bull. Torr. Bot. Club* **122**: 376-382.

McDonald, A.W., Bakker, J. e Vegelin, K. 1(996). Classificação do banco de sementes e sua importância para a restauração de prados inundáveis ricos em espécies. *J. Veg. Sci.*, **7**: 157- 164.

McGraw, J.B. (1987). Propriedades do banco de sementes de um pântano de Sphagnum dos Apalaches e um modelo de distribuição em profundidade de sementes viáveis.*Can. J. Bot.* **65**: 2028-2035.

Megonigal, J.P., ConnerW.H.,Kroeger ,S., e Sharitz R.R. (1997). Abovegroundproduction in southeastern floodplain forests: A test of the subsidy-stress hypothesis. *Ecology* **78**:370-384.

Meiqin, Q., John, B., Scarratt, J.B. (1998). Efeito do método de colheita na dinâmica do banco de sementes numa floresta de borealmixedwood no noroeste do Ontário. *Canadian Journal of Botany*,76(5): 872-883, 10.1139/b98-061

Milberg, P. (1992). Banco de sementes numa experiência de 35 anos com diferentes tratamentos de uma pastagem semi-natural.ActaOecologica- *International Journal of Ecology*, Londres, v.**13**: n.6, p.793752.

Milton, W. E. J. (1943). O teor de sementes viáveis enterradas de um solo argiloso calcário de Midland. Emp.*J. Exp. Agric.* **11**:155-166.

Milton, W. E. J. (1948). Conteúdo de sementes viáveis enterradas de solos de montanha em Montgomeryshire.*Emp. J. Exp. Agric.* **16**: 63-177.

Mohammed, H. M e Hussein M. H. (2008).Variação temporal e espacial do banco de sementes do solo na Reserva Florestal Natural de Elain, no Cordofão do Norte, Sudão. Conferência sobre Investigação Internacional em Segurança Alimentar, Gestão de Recursos Naturais e Desenvolvimento Rural.

Muhammad, A. (2009). Diversidade, riqueza de espécies e uniformidade da fauna de traças de Peshawar. Pak. *Entomol.* Vol.**31**, No.2

Naiman, R.J., e H. Decamps. (1990). Aquaticterrestrialecotones: Summary and recommendations. Páginas 295-301 *em* R.J. Naiman e H. Decamps, eds. Ecology and management of aquatic terrestrial ecotones.UNESCO, Paris, e Parthenon Publishing Group, Carnforth, UK.

Naiman, Robert J; Decamps, Henri; Pollock, Michael. (1993). O papel dos corredores ribeirinhos na manutenção da biodiversidade regional.*Ecological Applications*.3(2): 209-212.

Naiman R.J.; D[acute{e}]Camps, H. (1997): A ecologia das interfaces: zonas ribeirinhas. *Annual Review of*

*Ecology and Systematics* **28**:621-658.

Nakamura,F.,Yajima,T.,Kikuchi,S.,(1997).Estrutura e composição da floresta ripária com especial referência às condições geomórficas do local ao longo do rio Tokachi, norte do Japão.*Plant Ecol.***133**: 209-219.

Newbery, D.Mc.C. and GartlanJ.S. (1996).A structural analysis of rain forests at Korup and Douala-Edea, Cameroon. Actas da Royal Society Edinburgh104B:107-224.

Odiwe,A.I., e Muoghalu, J.I.(2001). Dinâmica do ecossistema numa floresta tropical secundária de planície nigeriana, 14 anos após um incêndio no solo: Dinâmica da população de espécies arbóreas. *Jornal Nigeriano de Botânica*, **14**: 7-24.

Odum, E.P. (1979). Ecological importance of the riparian zone.*In* B.R. Johnson and J.F. McCormick (ed.) Strategies for protection of floodplain wetlands and other riparian ecosystems. U.S. For.Serv. Gen. Tech. Rep. WO-12. U.S. Gov. Print.

Olano, J.M., Caballero, I., Laskurain, N.A., Loidi, J. e Escudero, A.(2002). Padrão espacial de bancos de sementes numa floresta secundária temperada. *Journal of Vegetation Science* **13**, 775-784.

Olmsted, N. W., e Curtis J. D. (1947).Seeds of the forest floor. Ecologia **28**: 49-52

Oke, S. O. (1993). O efeito da fisionomia da vegetação na produção de sedimentos na zona de Ile Ife, no sudoeste da Nigéria. Tese de doutoramento não publicada, Universidade Obafemi Awolowo. pp62

Oke, S. O. e A. O. Isichei (1997). Composição florística e estrutura da vegetação de pousio na área de Ile- Ife, sudoeste da Nigéria. *Nigerian Journal of Botany*, **10**:37-50.

Oke, S. O., O. T. Oladipo e A. O. Isichei (2006).Seedbank Dynamics and Regeneration in a secondary lowland Rainforest in Nigeria. *Revista Internacional de Botânica*, **2**(4): 363-371.

Oke, S.O., T.O. Ayanwale e O.A. Isola.(2007). Banco de sementes do solo em quatro plantações contrastantes na área de Ile-Ife, no sudoeste da Nigéria. *2*: 13-22.

Onochie,C.F.A (1979).A floresta tropical nigeriana: uma visão geral. In: OkaliDUU., (Ed.), The Nigerian rainforest ecosystem, 83-91. Comité Nacional do MAB, Ibadan, Nigéria.

Onyekwelu, J. C., ReinhardMosand, Bernd Stimm. (2007). Diversidade de espécies arbóreas e estado do solo de dois ecossistemas florestais naturais na região das florestas tropicais húmidas de planície da Nigéria. Conferência sobre Investigação Agrícola Internacional para o Desenvolvimento

Oosting, H. J. e Humphreys.M.E (1940). Sementes viáveis enterradas numa série sucessional de solos antigos de campos e florestas. *Boletim do Clube Botânico de Torrey* **67**:253-73.

Orrock, J.L., D.J. Levey, B.J. Danielson, e E.I. Damschen.(2006). A predação de sementes, e não a limitação de sementes, explica a abundância ao nível da paisagem de uma planta em fase inicial de sucessão. *Journal of Ecology* **94**:838-845.

Padalia, H., N. Chauhan, M.C. Porwal e P. S. Roy. (2004). Phytosociological observations on tree species diversity of Andaman Islands, India (Observações fitossociológicas sobre a diversidade de espécies de árvores das ilhas Andaman, Índia). *CurrentScience* **87**: 799-806.

Pake, C.E. e Venable, D.L. (1996). Seed banks in desert annuals: implications for persistence and coexistence in variable environments. *Ecology* **77**, 1427-1435.

Parson, A. (1991) 'The Conservation and Ecology of Riparian Tree Communities in the Murray Darling Basin, Nsw a Review' NswNpwsHurstville.

Pearson, T. R. Burslem, H. D. Mullins, C. E. e Dalling, J. W. (2002). Ecologia da germinação de pioneiras neotropicais: Efeitos interactivos das condições ambientais e do tamanho das sementes. *Ecology* **83**: 2798-2807.

Pederson, R. L. (1981). Características do banco de sementes do Delta Marsh, Manitoba: aplicações para a gestão de zonas húmidas. p. 61-69. Em B. Richardson (ed.) Procedimentos seleccionados da Conferência do Centro-Oeste sobre valores e gestão de zonas húmidas. Sociedade de Água Doce, Navarre, MN, EUA.

Perera, G.A.D. (2001). Situação da floresta secundária no Sri Lanka: uma revisão. *Journal of Tropical Forest Science* **13**: 768-78.

Perera,G.A.D. (2005). Heterogeneidade espacial do banco de sementes do solo na floresta tropical semidecídua em

Parque Nacional de Wasgomuwa, *Sri Lanka TropicalEcology* **46** (1): 79-89.

Perry, D.A., (1994).Forest Ecosystems.John Hopkins University Press, Baltimore, MD, pp 649.

Pickett, S.T.A. e M.J. McDonnell (1989). Dinâmica do banco de sementes em florestas decíduas temperadas: Leck, M.A., V.T. Parker, and R.L. Simpson (eds.).Ecology of Soil Seed Banks.Academic Press, Inc., San Diego, Ca. pp. 123-147.

Pollock, M. M., R.J. Naiman, T. A. Hanley. (1998). Riqueza de espécies vegetais em zonas húmidas florestais e emergentes - um teste à teoria da biodiversidade. *Ecology* **79**:94-105.

Qinghong, L.,andBrackenhieln.(1996). Estratégias de dominância de vegetação entre gramíneas em Robodu Military Catonment Kaduna.*The international Journal of Plant Ecology*, **125**: pp 63.

Reuss, S.A., Buhler, D.D., Gunsolus, J.L. (2001). Efeitos da profundidade do solo e do tamanho dos agregados na distribuição e viabilidade das sementes de ervas daninhas num solo franco-siltoso. *Applied Soil Ecology* **16**: 209-217.

Richards, P. W. (1952). The tropical rain forest. Cambridge University Press, Cambridge. 450 páginas

Rico - Gray, V. e Garcia - Franco, J. G. (1992). Vegetação e banco de sementes do solo de estágios sucessionais em floresta decídua tropical de baixa terra. *Journal of Vegetation Science* **5**: 617-624.

Risser,P.G., (1990).The ecological importance of land-water ecotones, In: Naiman, R.J., De'camps, H.(Eds.).The Ecology and Management of Aquatic-Terrestrial Ecotones, UNESCO, Paris pp.7-21.

Roberts, H. A. e P. M. Feast (1972). Destino das sementes de algumas ervas daninhas anuais em diferentes profundidades de solo cultivado e não perturbado.*Weed Research*. **12**:316-324.

Rosaro, R.A. (1961). A natureza e a origem das comunidades de vegetação secundária no Ceilão. *Ceylon Forester* **5**: 23-49.

Russiet, L., Cocks, P.S. e Roberts, E.H. (1992). Dinâmica do banco de sementes numa pastagem mediterrânica. *Journal ofApplied Ecology* **29**, 763-771.

Sammy, C.,Khan, A.A. (1983) Dormência secundária, efeitos reguladores de crescimento e potencial de crescimento embrionário em sementes de *Rumexcrispus*. Weed Science, Lawrence, v.31, p.153-158,.

Sandrine, Godefroid ;Shyam, S. Phartyal e NicoKoedam. (2006). Distribuição em profundidade e composição do banco de sementes em diferentes estratos de árvores num ecossistema de floresta temperada gerida. *Actaoecological* **29**:283 - 292.

Satterthwaite, W.H., Holl, K.D., Hayes, G.F., Barber, A.L. (2007). Bancos de sementes na conservação de plantas: estudo de caso da restauração da planta de alcatrão de Santa Cruz. *Biological Conservation* **135**: 57-66.

Schneider, R. L. e R. R. Sharitz (1986). Dinâmica do banco de sementes em um pântano ribeirinho do sudeste.*American Journal of Botany* **73**:1022-30.

Schupp, E.W.(1995). Conflitos entre sementes e plântulas, escolha de habitat e padrões de recrutamento de plantas. *American Journal of Botany* **82**: 399-409.

Scott, J.M., C.S. Mitchell e G.J. Blair.(1985). Effect of nutrient seed coating on emergence and Early growth of perennial regresses. *Aust. J. Agric. Res.*, 36: 221-231.States. Mise.Publ. 1271, USDA. pp. 89-98.

Shannon, C.E. e Wiener W. (1949), The Mathematical Theory of Communication, University of Illnois press, Urbana.

Simpson,R.L., Leck, M.A., Parcker,V.T., Simpson, R.L (ed.) (1989). Ecology of soil seed banks.London Academic Press. Londres.

Sletvold Nina e Knut Rydgren (2007). Population dynamics in *Digitalis purpurea*: the interaction of disturbance and seed bank dynamics. *Journal of Ecology* **95**: 1346- 1359.

Sorensen, T. A. (1948). Um método para estabelecer grupos de igual amplitude em sociologia vegetal baseado na similaridade do conteúdo de espécies e sua aplicação a análises da vegetação em áreas comuns dinamarquesas. KglDanskeVidensk. Selsk.*Biol. Skr*. **5**:1-34

Stocklin, J. e Fischer, M. (1999). Plantas com sementes de vida mais longa têm taxas de extinção locais mais baixas em remanescentes de pastagens 1950- 1985. *Oekologia*, **120**: 539- 543.

Suckling, F. E. T., e Chariton J. F. L. (1978). A review of the significance of buried legume seeds with particular reference to New Zealand agriculture. *N.Z. J. Exp. Agric.* **6**:211-2 15.

Suzuki *et al.* (2002).*Forest Ecology and Management.***157**:285-301.

Swaine, M.D. e J.B. Hall (1983). Early succession on cleared forest land in Ghana. *Jornal de Ecologia* **71**:601- 625

Szaro, R. C. (1990). Comunidades de plantas ribeirinhas do sudoeste: Características do sítio, distribuição de espécies de árvores e estruturas de classes de tamanho. *Forest Ecol. and Manage.* **33/34**:315-334.

Takenaka, A., Washitani, I., Kuramuto, N. e Inoue, K. (1996). Life history and demographic features of *Asterkantoensis, an* endemic local endangered of floodplains.*Biological Conservation, 78:* 345-352.

Taye, J.(2006). Regeneração e dinâmica do dossel na floresta afromontana da Serra do Bale. Tese não publicada. Escola de Estudos Graduados da Universidade de Addis Abeba.

TeketayDemel e Gransterom Anders (1995). Bancos de sementes do solo em Afro MontaneForest seco da Etiópia. *Jornal de ciência da vegetação 6:* 777-786.

Ten Hoopen, M., e M. Kappelle (2006). Mudanças no banco de sementes do solo ao longo de um gradiente de pastagem no interior da floresta - borda em uma floresta de carvalho montana da Costa Rica. *Estudos Ecológicos,* Volume 185.

Thompson, K. (1978). The occurrence of buried viable seeds in relation to environmental gradients.*Journal of Biogeography 5*:425-30.

Thompson, K. (1992). A ecologia funcional dos bancos de sementes, *em* M. Fenner (Ed.). Seeds: The ecology of regeneration in plant communities, pp. 231-258. Cab International, Wallingford.

Thompson, P. (1993). Germinação de plantas anuais do deserto: para além do primeiro ano. *Am.Nat*.142: 474-487.

Thompson, K., Bakker e Bekker, R. (1997). The soil seed banks of North West Europe: methodology, density and longevity. Cambridge University Press, Cambridge

Todd Esque, Lesley DeFalco, Jeffrey Kane e Melissa Nicklas(2005). United States Geological Survey Western Ecological Research Center, Las Vegas.

Traba Juan, Francisco M. Azcarate e BegonaPeco (2004). De que profundidade emergem as sementes? Uma experiência de banco de sementes do solo com espécies de prados mediterrânicos. *Seed Science Research* 14: 297303.

Turner, D.P., Franz E.H (1986). A influência das dominantes do dossel nos padrões de vegetação do sub-bosque numa floresta antiga de cedro e cicuta. *Am. Midi. Nat.* 116: 387-393.

Uasuf Augusto, M.,Tigabu, P. C. Oden.(2009). Bancos de sementes do solo e regeneração de florestas decíduas secas neotropicais e florestas de galeria na Nicarágua. *Bois et ForetsDes Tropiques,* N ° 299 (1).

Uhl, C., Clark, K., Clark, H., Murphy, P.,(1981). Sucessão inicial de plantas após corte e queima na região do Alto Rio Negro da Bacia Amazônica. *J. Ecol.* 69, 631-649.

Uhl, C., Clark, K., Clark, H., Maquirino, P.(1982). Padrões sucessionais associados à agricultura de corte e queima na região do alto Rio Negro da bacia Amazônica. *Biotropica* 14, 249-254.

Van der Maarel, E. (1993). Algumas observações sobre a perturbação e as suas relações com a diversidade e a estabilidade. *Journal Vegetation Science* 3: 733-736.

Van der Valk, A.G., Pederson,R.L. (1989). Bancos de sementes e a gestão e restauração da vegetação natural: Leck MA, Parker VT, Simpson RL (eds) Ecology of Soil Seed Banks. Academic Press, San Diego, Califórnia, pp. 329-346.

Van der Valk, A.G.(1981).Sucessão em zonas húmidas: uma abordagem Gleasoniana. Ecology 62:688-696.

Van der Valk, A. G. e C. B. Davis (1978). O papel dos bancos de sementes na dinâmica da vegetação dos pântanos glaciares da pradaria. *Ecology* 59:322-35.

Vivian-Smith, G. (1997). Heterogeneidade microtopográfica e diversidade florística em zonas húmidas experimentais

comunidades. *Journal of Ecology* 85:71-82.

Walker, K. (1993) Issues in the Riparian Ecology of Large Rivers.' in Actas do seminário de 1993, 'Ecology and Management of Riparian Zones' MarcoolaQld. Bunn, S., Pusey, J., Price, P, (eds) Lwrrdc.

Ward, J. V., Tockner, K. e Schiemer, F. (1999). Biodiversity of floodplain river ecosystems: Ecotones and connectivity. *Regulated Rivers: Research and Management* 15: 125-139.

Warr S.J, Kent M, Thompson K (1994). Composição e variabilidade do banco de sementes em cinco bosques no sudoeste de Inglaterra. *Journal Biogeography*.21:151-168.

Watt, L.A., e Whalley,R.D.B. (1982).Efeitos da profundidade de sementeira e da morfologia das plântulas no estabelecimento de plântulas de gramíneas em terras pretas fendilhadas.*Aust. Rangel, J.*4: 52-60.

WCMC.(1992). Centro de Monitorização da Conservação Mundial. Biodiversidade Global: Status of Earth's

Living Resources. Chapman and Hall, Londres, Reino Unido.Xiong, Shaojun e Christer

White, F. (1983). The vegetation of Africa, a descriptive memoir to accompany the UNESCO/AETFAT/UNSO Vegetation Map of Africa (3 Plates, NorthwesternAfrica, Northeastern Africa, and Southern Africa, 1:5,000,000). UNESCO, Paris

Whitmore, T. C. (1978). Gaps in the forest canopy.In P. B. Tomlinson and iN. H. Zimmerman

(Eds.). Tropical trees as living systems, pp. 639-655. Cambridge University Press, Cambridge.

Whittaker, R.H. (1956). Vegetação das montanhas Great Smoky Mountains.*Ecology* **26**: 1-80.

Whittaker, R.H., (1967). Análise de gradiente da vegetação.*Biol. Rev. Camb. Philos. Soc.* **42**,207-264.

Whittaker, R.H., Niering, W.A., (1965). Vegetação das montanhas de Santa Catalina, Arizona: uma análise de gradiente da encosta sul. *Ecology* **46**, 429-452.

Whittaker, R.H., Niering, W.A., (1968). Vegetação das montanhas de Santa Catalina, Arizona. IV. Calcário e solos ácidos. *J. Ecol.***56**, 523-544.

Whitmore, T. C. (1983). Sucessão secundária a partir de sementes em florestas tropicais, *For.Abstr.***44**: 767-779.

William Linera, G.(1993). Banco de sementes do solo em quatro florestas de baixa montanha do México. *Journal of Tropical Ecology* **9**:321-337.

Willems, J.H., Huijsmans, K.G.A., (1994). Dispersão vertical de sementes por minhocas: uma abordagem quantitativa. *Ecografia* 17,124-130.

Williams, R. J., Myers, B. A., Eamus, D., Duff, G. A. (1999) Fenologia reprodutiva de espécies lenhosas numa savana tropical do norte da Austrália. *Biotropica* **31**, 626-36

Wischmeier, W.H., e J.V. Mannering (1969). Relação das propriedades do solo com a sua erodibilidade.*Soil Science Society of America Proc.***33**:131-137.

Yee, Carlton S., e R. Dennis Harr (1977). Influência da agregação do solo na estabilidade de taludes na Costa do Oregon. *Geologia Ambiental.*1:367- 377.

Zheng, H., OuYang, Z.Y., Wang, X.K., Peng, T.B., (2004). Estudos sobre as características do banco de sementes do solo em diferentes tipos de restauração florestal na região montanhosa de solo vermelho, no sul da China. *Journal of Natural Resources* **19**: 361-368 (em chinês, com resumo em inglês).

APÊNDICE 1.1

**Análise de variância para comparação da densidade do banco de sementes em ambas as estações na Mata Ciliar**

| Source | Type III Sum of Squares | df | Mean Square | F |
|---|---|---|---|---|
| season | 2263344.000 | 2 | 1131672.000 | 8.535 |
| Error | 1325856.000 | 10 | 132585.600 | |
| Total | 3589200.000 | 12 | | |

APÊNDICE 1.2

**Análise de variância para comparação da densidade do banco de sementes em ambas as estações na vegetação de planalto**

| Source | Type III Sum of Squares | df | Mean Square | F | Sig. |
|---|---|---|---|---|---|
| season | 1880070.000 | 2 | 940035.000 | 11.537 | .003 |
| Error | 814782.000 | 10 | 81478.200 | | |
| Total | 2694852.000 | 12 | | | |

APÊNDICE 1.3

**Análise de variância para comparação da densidade do banco de sementes na estação seca nos dois tipos de vegetação.**

| source | Sum of Squares | df | Mean Square | F | Sig. |
|---|---|---|---|---|---|
| Between Groups | 90828.000 | 1 | 90828.000 | .649 | .439 |
| Within Groups | 1399896.000 | 10 | 139989.600 | | |
| Total | 1490724.000 | 11 | | | |

APÊNDICE 1.4

**Análise de variância para comparação da densidade do banco de sementes na estação chuvosa nos dois tipos de vegetação**

| Source | Sum of Squares | df | Mean Square | F | Sig. |
|---|---|---|---|---|---|
| Between Groups | 14283.000 | 1 | 14283.000 | .193 | .670 |
| Within Groups | 740742.000 | 10 | 74074.200 | | |
| Total | 755025.000 | 11 | | | |

yes
**I want** morebooks!

Buy your books fast and straightforward online - at one of world's fastest growing online book stores! Environmentally sound due to Print-on-Demand technologies.

Buy your books online at
**www.morebooks.shop**

Compre os seus livros mais rápido e diretamente na internet, em uma das livrarias on-line com o maior crescimento no mundo! Produção que protege o meio ambiente através das tecnologias de impressão sob demanda.

Compre os seus livros on-line em
**www.morebooks.shop**